Domenico Meloni
Melania Lorrai

Efeitos da tropicalização no sector das pescas do Mediterrâneo

Domenico Meloni
Melania Lorrai

Efeitos da tropicalização no sector das pescas do Mediterrâneo

Estado da arte e análise das questões comerciais e sanitárias

ScienciaScripts

Imprint

Any brand names and product names mentioned in this book are subject to trademark, brand or patent protection and are trademarks or registered trademarks of their respective holders. The use of brand names, product names, common names, trade names, product descriptions etc. even without a particular marking in this work is in no way to be construed to mean that such names may be regarded as unrestricted in respect of trademark and brand protection legislation and could thus be used by anyone.

Cover image: www.ingimage.com

This book is a translation from the original published under ISBN 978-3-8484-8130-9.

Publisher:
Sciencia Scripts
is a trademark of
Dodo Books Indian Ocean Ltd. and OmniScriptum S.R.L publishing group

120 High Road, East Finchley, London, N2 9ED, United Kingdom
Str. Armeneasca 28/1, office 1, Chisinau MD-2012, Republic of Moldova, Europe
Printed at: see last page
ISBN: 978-620-8-01589-3

Índice:

Efeitos da tropicalização no sector das pescas do Mediterrâneo: estado da arte e análise das questões comerciais e sanitárias

Melania Lorrai

e

Domenico Meloni

Departamento de Medicina Veterinária, Universidade de Sassari
Via Vienna 2, 07100,
Sassari, Itália

Introdução
Tropicalização e Mar Mediterrâneo

A tropicalização do mar Mediterrâneo significa o processo de estabelecimento de espécies alóctones provenientes de zonas tropicais ou subtropicais, muitas vezes dominantes e que podem suplantar as espécies indígenas pré-existentes na zona mediterrânica, que podem também competir pela conquista de alimento e território, alterando o equilíbrio natural com a consequente redução da biodiversidade (Cerrano et al.,1999). Simultaneamente à tropicalização, assiste-se a uma dispersão para norte das espécies termófilas indígenas do Mediterrâneo em direção a mares que não lhes eram habituais até há duas décadas. Este fenómeno é designado por *"Southning"* do Mar Mediterrâneo (Rinaldi, 2007). Especificamente, o termo *espécie alóctone* (alienígena) refere-se a uma espécie ou subespécie, introduzida fora da sua distribuição natural passada ou presente. Inclui qualquer parte, gâmetas, sementes, ovos ou propágulos de tais espécies que possam sobreviver e subsequentemente reproduzir-se (CBD, 2009). As espécies não indígenas são responsáveis pelas chamadas invasões biológicas. Existem diferentes definições de espécies invasoras, mas em geral, esta implica a sua introdução num novo local e a sua capacidade/capacidade de se reproduzir no mesmo. Como refere Elton (1958), uma invasão biológica ocorre quando um organismo é transportado para um novo ambiente, numa nova região, normalmente distante, onde os seus descendentes se reproduzem, expandem e persistem. De acordo com Williamsonn e Fitter (1996), uma espécie invasora é uma espécie recentemente introduzida que resulta ecológica e economicamente perigosa. A rápida disseminação de espécies marinhas exóticas no Mar Mediterrâneo está relacionada com a crescente introdução de espécies de peixes em aquariologia e aquacultura, bem como com o crescimento do tráfego marítimo através dos oceanos, num processo de globalização da biodiversidade marinha a nível mundial (Andaloro et al., 2009). Além disso, a eliminação de alguns anti-incrustantes eficazes mas poluentes, bem como a lentidão na aplicação de protocolos eficazes no tratamento das águas de lastro, ampliaram a extensão do processo. Ao mesmo tempo, a eliminação do limiar de salinidade representado pelos lagos amargos para o escoamento do delta do rio Nilo durante a construção da barragem de Assuan facilitou a travessia do canal por espécies indopacíficas, a chamada "*migração lessepsiana*" através do Canal do Suez. No entanto, uma questão determinante é representada pela recetividade do biota mediterrânico às espécies não indígenas (Andaloro et al., 2009). Isto deve-se, em parte, à relativa juventude da bacia mediterrânica (há 5 milhões de anos), que determina povoamentos frágeis e pouco especializados, climaticamente vulneráveis e, em geral, uma falta de competitividade. Além disso, os ecossistemas autóctones e as espécies sujeitas a stress devido à poluição e à sobrepesca mostram uma grande recetividade às espécies provenientes de ecossistemas fortemente competitivos, como os do Indo-Pacífico e do Atlântico. Em suma, pode presumir-se que o aquecimento global desempenha um papel crucial na penetração, disseminação e fixação de espécies não indígenas no mar Mediterrâneo (Andaloro et al., 2009). Os 42% de espécies não indígenas estabelecidas no Mar Mediterrâneo apresentam afinidade tropical e subtropical: embora os mares italianos acolham apenas os 38% de espécies não indígenas presentes no Mediterrâneo, representam um ponto de encontro ideal entre espécies do Atlântico e do Indo-Pacífico, um cenário de extraordinária importância científica (Andaloro, 2010). As espécies exóticas invasoras, suficientemente fortes e resistentes para colonizar e ocupar ambientes totalmente novos (Ojaveer et al., 2013), representam um problema crescente devido ao elevado nível de introdução (Zenetos et al., 2010) e aos impactos imprevisíveis e perigosos para os habitats naturais, a economia pesqueira e a saúde humana

(Galil, 2008). Atualmente, é um fenómeno geral que se estende a todas as regiões mediterrânicas (Galil, 2007; Zenetos et al., 2010) e que tem muitas consequências negativas para o sector das pescas.

Capítulo 1
Mediterrâneo e aspectos essenciais de um mar complexo
1.1 Contextualização geográfica, alterações climáticas e hidrodinamismo

O Mar Mediterrâneo é uma bacia semi-fechada (um mar rodeado de terras) onde as únicas trocas de água com o exterior ocorrem geralmente através do Estreito de Gibraltar (Vetrano et al., 2007). Situa-se entre a Europa e a África, de onde o termo latino *"Mediterraneus"*, que significa no meio de terras (Nati, 2011). Muitas vezes chamado de pequeno oceano, sempre representou o ponto crucial do comércio internacional e o berço de diferentes civilizações. A região mediterrânica é constituída por um cenário geográfico, climático, hidrogeológico e ecológico complexo, caracterizado por ligações limitadas com outros mares: *a)* através do Estreito de Gibraltar está ligada ao Oceano Atlântico; *b)* através do Estreito de Dardanelli e do Mar de Mármara está ligada ao Mar Negro, que também é um mar fechado; *c)* através do Canal do Suez está ligada ao Mar Vermelho e, em seguida, ao Oceano Índico. A atual situação climática planetária, se comparada com as datas dos últimos 420.000 anos, é típica de uma situação definida como interglacial. As variações de alguns parâmetros descritivos das caraterísticas do clima terrestre, bem como as deduzidas do estudo das bolhas de ar aprisionadas nos glaciares antárcticos, mostram dados particularmente importantes, relacionados com a insolação (quantidade de energia do sol sobre a superfície terrestre) e a temperatura do ar (variações positivas ou negativas em relação à temperatura média atual). De 50.000 a 400.000 anos atrás, reconhecemos 4 ciclos climáticos caracterizados por 5 períodos temporários com clima semelhante ao atual (interglaciais) e 4 períodos temporários com clima muito mais rigoroso do que o atual (glaciais). As razões destas variações são definidas como forçamentos astronómicos e incluem vários factores (Corselli, 2009). Por exemplo, as forças gravitacionais dos planetas podem modular parcialmente a atividade solar.

As alterações solares, por sua vez, podem modular as alterações climáticas através de vários processos físicos e químicos. Além disso, as variações na rotação da Terra e as marés causadas pelo ciclo lunar podem provocar oscilações oceânicas que, por sua vez, podem alterar o clima (Scafetta, 2009). Os efeitos destas alterações nas águas superficiais do Mar Mediterrâneo influenciaram o ecossistema pelágico e bentónico da bacia, que registou alterações de curto prazo em termos de presença de espécies animais e vegetais. Nos períodos climáticos mais frios, predominaram as espécies frias ou de clima frio; nos períodos climáticos temperados, estas espécies foram substituídas por espécies de clima quente e subtropical. Pode presumir-se que o ecossistema marinho do Mar Mediterrâneo foi instável durante os últimos 18 000 anos e que registou fluxos contínuos e uma rotação de espécies animais e vegetais. Obviamente, a ecologia dos taxa individuais permitiu que alguns permanecessem mais tempo na zona mediterrânica, enquanto outros mostraram extras fugazes nos momentos "climáticos" favoráveis (Corselli, 2009). Os impactos das alterações climáticas incluem, nomeadamente, a subida do nível do mar e o aumento da temperatura e do clima das águas superficiais, as ondas e as alterações da circulação marinha (Mclean e Tsyban, 2001). Atualmente, a bacia mediterrânica é condicionada por uma elevada evaporação com um balanço hídrico negativo (cerca de um metro de água por ano). Este aspeto e outros factores relacionados com o clima influenciam a circulação das massas de água na bacia. Esquematicamente, a água atlântica entra pelo Estreito de Gibraltar para compensar a falta de água. No decurso do seu movimento para leste, esta água adquire um conjunto de modificações por factores climáticos regionais e, uma vez no Mediterrâneo oriental, substancialmente modificada, desce retomando o caminho para oeste e flui através de Gibraltar para o oceano Atlântico. Este sistema de massas de água só é preocupante nos primeiros 500-600 metros de profundidade. O restante volume de águas profundas é regulado nos seus parâmetros principais (temperatura, salinidade, oxigénio dissolvido, etc.) por dois mecanismos diferentes, localizados no Golfo do Leão e no mar Adriático, respetivamente, que alteram as caraterísticas das águas superficiais, tornando-as mais densas e forçando-as a descer para o fundo até à profundidade máxima da bacia. O estreito da Sicília, com a sua profundidade relativamente baixa, garante que as águas profundas do Mediterrâneo Ocidental não cheguem ao Mediterrâneo Oriental, onde apenas as águas profundas do Adriático podem atingir o fundo da bacia (Corselli, 2009). As massas de água marinha estão, portanto, em contínua interatividade, tanto entre si como com todos os elementos que as rodeiam. Este facto permite, por sua vez, trocas constantes de matéria e de energia com os sistemas próximos. Esta forte interligação determina as caraterísticas físico-químicas das águas e, consequentemente, tem influências relevantes na seleção dos organismos que vivem nestes mares (Vetrano et al., 2007). O clima, portanto, com as suas variações "naturais", determina influências relevantes no ecossistema do Mediterrâneo, tornando-o um sistema frágil e em equilíbrio precário. As alterações actuais, mesmo que estejam associadas à variabilidade natural do sistema, interagem fortemente com o Mediterrâneo, ainda hoje importante para os aspectos sociais e económicos. A fragilidade do seu ecossistema, correlacionada com uma varredura do tempo humano, necessita de uma análise cuidadosa do seu estado de saúde com base num conhecimento crescente dos processos que controlam o desenvolvimento do mesmo ecossistema (Corselli, 2009).

1.2 Caraterísticas químico-físicas

Muitas actividades dos organismos estão diretamente relacionadas com factores ambientais específicos (luz, temperatura, nutrição, etc.). Através das suas acções (ingestão de alimentos, respiração, excreção), os seres vivos podem alterar constantemente o seu ambiente (Storce e Welsch, 2008). Os principais parâmetros químico-físicos do meio marinho, que no seu conjunto constituem os *factores abióticos*, são: temperatura, salinidade, viscosidade, densidade, penetração da luz e pressão hidrostática (Cognetti et al., 1998). Estes parâmetros são equilibrados com os *componentes bióticos* que incluem os factores vivos: todos os outros organismos que fazem parte do ambiente (Campbell et al., 2008). Desta forma, é delineado o conceito de *ecossistema*, que inclui todas as relações estabelecidas entre os membros de uma ou mais comunidades e o seu ambiente (Cognetti et al., 1998). O Mar Mediterrâneo é oligotrófico: é rico em oxigénio e pobre em nutrientes. Os níveis de oxigénio são quase saturados na camada superficial (6 mililitros por litro (ml/l) no inverno e 4,8 ml/l no verão). Nas águas profundas, a concentração de oxigénio é de cerca de 4,5 ml/l na bacia ocidental e de 4,2 ml/l na bacia oriental (Zenetos et al., 2002). A evaporação é superior à precipitação e ao escoamento fluvial. O mar é, portanto, uma "bacia de concentração" com um défice de água doce estimado em cerca de 2 500 quilómetros cúbicos (km3) por ano (AEA, 1999). Esta situação faz com que a água seja mais salgada do que noutros mares europeus (Zenetos et al., 2002). A evaporação e a fraca afluência de água dos rios são a causa da constante escassez de água no Mediterrâneo. Esta situação é compensada pelo Oceano Atlântico que, todos os anos, despeja no Mediterrâneo, através do Estreito de Gibraltar, entre 36.000 e 38.000 km^3 de água. Este grande abastecimento de água provoca fortes correntes de água ao longo do ano, promovendo a limpeza das águas pouco profundas do estreito que, de outra forma, inevitavelmente se fechariam ao longo dos milénios (PDM, 2015). A salinidade varia sobretudo à superfície. A salinidade das águas marinhas varia entre 33%o e 37%o, com uma média de 35%o (Vetrano et al., 2007). Varia entre 36%o no Estreito de Gibraltar e 39%o no Mediterrâneo Oriental. No entanto, as águas profundas têm caraterísticas homogéneas: descem em direção a profundidades que aumentam até, mais ou menos, aos 1000 metros de profundidade, onde atingem 38%o, permanecendo depois estáveis até ao fundo do mar

(Bellofiore et al., 2005). Uma das principais caraterísticas do Mar Mediterrâneo é o facto de

a temperatura permanecer constante (homeotermia) a partir de uma certa profundidade. Isto

deve-se ao facto de o limiar de Gibraltar impedir que as águas frias do Atlântico penetrem no

Mediterrâneo. Por conseguinte, a sua temperatura não pode descer abaixo da da superfície

durante o inverno. A 300 m de profundidade, a água tem uma temperatura constante, à volta

dos 13°C (Provini et al., 1998). Pelo contrário, as águas superficiais sofrem grandes variações

de temperatura, com uma temperatura média anual de cerca de 15°C na bacia ocidental e de

21°C na bacia oriental. Outro parâmetro físico-químico importante é a densidade ou gravidade

específica da água do mar, que é função da salinidade, da temperatura e da pressão. A

densidade diminui com o aumento da temperatura e aumenta com o aumento da salinidade.

A sua importância em oceanografia é considerável porque determina a profundidade a que as

massas de água estão equilibradas: a água menos densa flutua no topo e a água mais densa e

pesada no fundo.

1.3 . Mediterrâneo e biodiversidade
O Mar Mediterrâneo é um mar peculiar pela sua população e não é comparável a nenhum

outro mar do planeta. Isto deve-se à sua posição e configuração geográfica: a localização no

limite entre mares frios e quentes e a sua condição de mar fechado, mas sobretudo à sua

história paleogeográfica e paleoecológica. Os acontecimentos históricos levaram à formação

de uma população composta, rica em ecossistemas originais e espécies endémicas (Cognetti

et al., 1998). Com os seus 2,5 milhões de km^2 (0,82% da área total coberta pelos oceanos do

mundo), é um dos ecossistemas marinhos com maior biodiversidade no mundo: tem entre 4 e

18% da biodiversidade marinha total (Bianchi & Morri, 2000; Lejeusne et al., 2010). Mesmo

o número de espécies endémicas do Mediterrâneo, estimado entre 20 e 30% das espécies presentes neste mar (Bianchi e Morry, 2000), é sem dúvida extremamente elevado e representa um trunfo, cuja conservação é particularmente relevante. A diversidade biológica, ou biodiversidade, representa um dos principais aspectos ecológicos e é justamente considerada como um dos objectivos mais importantes na conservação e proteção do ambiente. Não só expressa a variabilidade de genes e/ou espécies num determinado ambiente, mas também um elevado número de aspectos que contribuem para a qualidade ecológica dos ecossistemas. A Convenção do Rio de Janeiro (1992) descreveu a biodiversidade como "a variabilidade entre os organismos vivos e os complexos ecológicos de que fazem parte".

A biodiversidade inclui diferentes níveis de organização, desde a variação genética individual e populacional, até às espécies, povoamentos, habitats, paisagens e diversidade biogeográfica (Piazzi, 2012). Tal como referido por Myers et al. (2000), a bacia mediterrânica e a sua riqueza em espécies podem ser reconhecidas como um dos primeiros 25 Hotspots Globais de Biodiversidade. De acordo com Cowling et al. (1996), este facto deve-se ao elevado número de espécies de plantas nativas da região (cerca de 25 000 espécies de plantas) e ao seu considerável nível de endemismo, mais de metade das quais ausentes em qualquer outra parte do planeta. Esta grande diversidade de espécies estende-se também à sua fauna: duas em cada três espécies de anfíbios são endémicas, bem como metade dos caranguejos e lagostins, 48% dos répteis, um quarto dos mamíferos, 14% das libélulas, 6% dos tubarões e raias, 3% das aves e 32% das plantas aquáticas ainda avaliadas (García e Cuttelod, 2013). Desde 2004, foi efectuada a avaliação do estado de conservação de mais de 2.300 espécies da bacia do Mediterrâneo, de acordo com a metodologia da Lista Vermelha da União Internacional para a Conservação da Natureza (IUCN, 2015). No total, (19%) das espécies presentes na região e avaliadas a uma escala global ou regional estão ameaçadas e enquadram-se numa das três categorias de categorias ameaçadas/espécies ameaçadas da Lista Vermelha da UICN: Criticamente em Perigo (CR), Em Perigo (EN) ou Vulnerável (VU). De acordo com os resultados da avaliação da Lista Vermelha, até à data, 46% dos peixes endémicos de água doce, 56% dos golfinhos e baleias, 42% dos tubarões e raias, 36% dos caranguejos e lagostins, 29% dos anfíbios, 19% das libélulas e libelinhas, 14% dos mamíferos, 13% dos répteis e 5% das aves estão ameaçados de extinção. Entre as principais causas de ameaça para as espécies mediterrânicas, as mais importantes são a perda, a fragmentação e a degradação dos habitats, a poluição, a sobre-exploração, as capturas acessórias, as catástrofes naturais, a introdução de espécies exóticas invasoras e a perturbação humana (García e Cuttelod, 2013). As espécies invasoras marinhas são consideradas como uma das principais causas da perda de biodiversidade no Mediterrâneo (Galil, 2007; Coll et al., 2010), modificando potencialmente todos os aspectos dos ecossistemas marinhos e outros ecossistemas aquáticos. Esta é a razão pela qual as espécies invasoras são consideradas "espécies focais" e devem ser monitorizadas em todas as regiões (Pomeroy et al., 2004). Para facilitar e promover acções de conservação adequadas dirigidas à proteção de muitas espécies mediterrânicas ameaçadas, é essencial dispor de uma base regulamentar sólida. Para alcançar este importante resultado, as convenções internacionais concluídas por quase todos os países mediterrânicos, como a Convenção de Berna (1979) sobre a conservação dos habitats naturais e da fauna e flora selvagens na Europa, a Convenção de Bona (1979) sobre as espécies migratórias, a Convenção de Barcelona (1995) para a Proteção do Meio Marinho e da Região Costeira do Mediterrâneo, e a mais importante, a Convenção do Rio de Janeiro (1992) sobre a diversidade biológica são de importância fundamental (García e Cuttelod, 2013).

Capítulo 2
O controlo oficial dos produtos da pesca
2.1. A evolução da legislação alimentar e dos organismos de controlo

Nas últimas duas décadas, as questões relacionadas com a higiene alimentar têm adquirido uma importância crescente, tanto nas preocupações dos consumidores como nas políticas de saúde das autoridades nacionais e supranacionais (Tedesco, 2007). Se a composição química torna os produtos da pesca distintos em relação a outros alimentos proteicos, ao mesmo tempo contribui para a sua perecibilidade. A velocidade dos processos de degradação e o prazo de validade estão estritamente ligados à diversidade das espécies e são influenciados por muitos parâmetros relacionados com a cadeia de produção (Cataudella e Spagnolo, 2011). A presença de substâncias nocivas deve-se principalmente ao ambiente aquático. No entanto, o manuseamento e a conservação incorrectos do produto, desde a captura até à venda a retalho e à conservação em casa, podem afetar negativamente a qualidade e a utilização segura (Cataudella e Spagnolo, 2011). Desde o início da década de 1990, em Itália, tal como na maioria dos países europeus, a proteção da higiene dos géneros alimentícios foi confiada a um conjunto de normas altamente detalhadas e o seu cumprimento pelos operadores do sector alimentar foi assegurado através de inspecções realizadas pelos serviços de saúde pública, principalmente em produtos acabados destinados ao consumo (Tedesco, 2007). No entanto, o sistema de controlo baseado em inspecções e sanções, por parte das autoridades competentes, não só se revelou cada vez mais dispendioso, como também demonstrou sérias limitações: por mais precisos, numerosos e frequentes que fossem, os controlos realizados por organismos externos aos operadores das empresas do sector alimentar não se revelaram capazes de impedir a propagação das doenças de origem alimentar, que, pelo contrário, se tornaram um fenómeno cada vez mais importante. Por conseguinte, amadureceu o conceito de que os próprios operadores das empresas do sector alimentar deviam garantir a segurança dos produtos colocados no mercado, tornando-se de importância fundamental assegurar a qualidade das matérias-primas e a higiene dos processos de produção e conservação através de um autocontrolo sistemático em todas as fases da transformação (Tedesco, 2007). Posteriormente, a Comunidade Europeia iniciou um complexo trabalho de atualização da legislação, de forma a reorganizar a fragmentada e diversificada legislação comunitária sobre higiene alimentar, que foi concluído no início de 2004 com a publicação do chamado "Pacote Higiene". Um complexo de quatro Regulamentos (Reg. (CE) 852/2004, Reg. (CE) 853/2004, Reg. (CE) 854/2004, Reg. (CE) 882/2004) que garantem uma abordagem global e integrada da segurança alimentar baseada na análise de risco, com o envolvimento total da produção primária e com uma responsabilidade severa dos operadores das empresas do sector alimentar (Cataudella e Spagnolo, 2011). Relativamente aos produtos da pesca, a legislação comunitária prevê critérios de higiene em todas as fases e em todos os equipamentos utilizados (incluindo embarcações): da produção à recolha, do transporte ao desembarque, da preparação à transformação, até à comercialização. Relativamente aos moluscos bivalves e crustáceos, estão previstos requisitos específicos. Os operadores das empresas do sector alimentar devem garantir que os produtos da pesca colocados no mercado para consumo humano cumprem os critérios microbiológicos exigidos por lei (Tedesco, 2007). Os critérios mais específicos dizem respeito a:

- Exames organolépticos

- Indicadores de frescura

- Histamina, resíduos e contaminantes

- Controlos microbiológicos

- Produtos da pesca venenosos

- Parasitas

A profilaxia no sector alimentar resultará principalmente na prevenção da contaminação dos alimentos por agentes patogénicos ao longo da cadeia de produção, na redução e possivelmente na eliminação de surtos de origem alimentar (Tiecco, 2001). O sistema nacional italiano de controlos oficiais é composto por diferentes organismos de controlo que devem garantir, em todas as fases do ciclo de produção e consumo, a qualidade, a segurança, a autenticidade e a higiene alimentar para proteger a saúde e os interesses dos consumidores (Puglia, 2014). O Decreto Legislativo n.º 193/2007, que transpõe a Diretiva 2004/41/CE, identifica no Ministério da Saúde, nas Regiões e Províncias Autónomas e nas Unidades Sanitárias Locais, no âmbito das respectivas competências, as Autoridades Competentes em matéria de Segurança Alimentar para os procedimentos ordinários em matéria de Saúde Pública Veterinária e Política Veterinária (Msd, 2016). O Decreto-Lei n.º 531, de 30 de dezembro de 1992 (que transpõe a Diretiva 91/493/CEE, que estabelece as condições sanitárias aplicáveis à produção e à colocação no mercado dos produtos da pesca, tendo em conta as alterações introduzidas pela Diretiva 92/48/CEE, que fixa as regras mínimas de higiene aplicáveis aos produtos da pesca capturados a bordo de determinados navios), estabeleceu as condições sanitárias que regem a produção e a colocação no mercado dos produtos da pesca destinados ao consumo humano e designou os Ministros da Saúde e da Marinha Mercante, as Regiões, os Serviços Veterinários das Unidades Locais de Saúde e as Autoridades Portuárias para a aplicação dos procedimentos de vigilância e controlo sanitário. Os serviços veterinários das unidades locais de saúde, em concertação com as autoridades portuárias, no âmbito das respectivas jurisdições territoriais, asseguram o controlo dos navios de pesca que regressam aos portos e as condições de desembarque dos produtos da pesca.

2.2. Controlos oficiais da produção e da colocação no mercado dos produtos da pesca.

Os Estados-Membros devem assegurar que os controlos oficiais relativos aos produtos da pesca sejam realizados em conformidade com o anexo III do Regulamento (CE) n.º 854/2004 do Parlamento Europeu e do Conselho, de 29 de abril de 2004, que estabelece regras específicas de organização dos controlos oficiais de produtos de origem animal destinados ao consumo humano (Meloni, 2016). Os controlos oficiais da produção e colocação no mercado dos produtos da pesca incluem, pelo menos, os seguintes elementos:

a) um controlo regular das condições de higiene do desembarque e da primeira venda;

b) inspecções periódicas dos navios e dos estabelecimentos em terra, incluindo lotas e mercados grossistas, para verificar se os produtos da pesca são manuseados corretamente e se cumprem os requisitos de higiene e temperatura; a limpeza dos estabelecimentos, incluindo os navios, as suas instalações e equipamentos; a higiene do pessoal e o controlo das condições de armazenamento e transporte.

Os produtos da pesca não são submetidos a uma inspeção sanitária antes da sua colocação no mercado ou nos estabelecimentos de manipulação, como acontece com os animais produtores de carne. A inspeção destina-se a avaliar a frescura e a categoria comercial. Com exceção da presença de parasitas, em particular larvas de Anisakis, esta inspeção não tem em consideração o problema das espécies microbianas que podem ser transmitidas pelo homem, ainda que muitos microrganismos aquáticos possam causar fenómenos mórbidos nos peixes (Tiecco, 2001). Os controlos oficiais dos produtos da pesca incluem, pelo menos, os seguintes elementos (anexo III, capítulo II, do Regulamento (CE) n.º 854/2004):

A.   Exames organolépticos

B.   Indicadores de frescura

C.   Histamina

D.   Resíduos e contaminantes

E.   Controlos microbiológicos

F.   Inspecções visuais aleatórias para verificar o cumprimento da legislação comunitária

sobre parasitas

G.   Produtos da pesca venenosos

Exames organolépticos.

A legislação atual atribui às caraterísticas organolépticas um papel fundamental na avaliação

da frescura do peixe (Tedesco, 2007). A frescura do peixe, avaliando o aspeto geral, o aspeto

dos olhos, da pele, das guelras, o cheiro das guelras, a textura do músculo, a elasticidade e a

cor da carne com métodos sensoriais, pode estimar a qualidade do peixe com um bom nível

de confiança (Cataudella e Spagnolo, 2011). De acordo com o Regulamento (CE) n.º

854/2004, os controlos organolépticos aleatórios devem verificar o cumprimento dos critérios

de frescura estabelecidos em conformidade com o Regulamento (CE) n.º 2406/96. Os critérios

de frescura são estabelecidos para 37 espécies de peixes, dois cefalópodes e uma espécie de

crustáceos classificados em cinco grupos: peixes brancos, peixes azuis, Selachii, cefalópodes

e crustáceos (Meloni, 2016). Os critérios de frescura aplicam-se aos seguintes grupos de

produtos:

1)   Peixes brancos: arinca, bacalhau, escamudo, juliana, cantarilho, badejo, maruca,

pescada, xaputa, tamboril, faneca e bacalhau pobre, boga, picareta, congro, cabra, salmonete,

solha, areeiro, linguado, solha-limão, solha das pedras, peixe-espada.

2)   Peixe-azul: atum albacora ou rabilho, atum rabilho, atum patudo, verdinho, arenque, sardinha, cavala, carapau, carapau, anchova

3)   Selachii: cação, raia.

4)   Cefalópodes: choco

5)   Crustáceos: camarões, lagostim

Estes produtos da pesca devem ser classificados numa das seguintes categorias de frescura:

1)   Extra, A ou B no caso dos peixes, dos Selachii, dos cefalópodes e dos lagostins.

2)   Extra ou A no caso dos camarões. No entanto, os lagostins vivos são classificados na categoria Extra.

Indicadores de frescura

De acordo com o Regulamento (CE) n.º 854/2004, sempre que o exame organolético revele dúvidas quanto à frescura dos produtos da pesca, podem ser colhidas amostras que serão submetidas a testes laboratoriais para determinar os níveis de azoto básico volátil total (ABVT) e de azoto trimetilamínico (TMA). Sempre que o exame organolético permita suspeitar da presença de outras condições que possam afetar a saúde humana, devem ser colhidas amostras adequadas para efeitos de verificação (Meloni, 2016). O azoto básico volátil total (ABVT) é um parâmetro não específico, expresso em mg N/100 g, e representa o conjunto de todas as fracções de nitrogénio formadas no músculo durante a conservação dos produtos da pesca. O teor de azoto básico volátil total (ABVT) varia em função das diferentes espécies: Os Regulamentos (CE) n.º 2074/2005 e 1022/2008 da Comissão definiram os valores-limite de ABVT para determinadas categorias de produtos da pesca e os métodos de análise a utilizar (Meloni, 2016). A musculatura dos teleósteos é muito rica em óxido de trimetilamina-n (TMA-O), precursor do trimetilamina-nitrogénio (TMA-N). O teor de TMA-

O varia consoante a espécie: nos peixes de água doce está quase ausente, o teor nos peixes marinhos varia consoante as famílias e as espécies, oscilando entre 1 e 7 % do peso seco total do músculo (Gallina, Caburlotto e Arcangeli, 2013). O TMA-N é formado através da redução efectuada por enzimas bacterianas presentes nas vísceras e na superfície externa dos peixes (Gallina, Caburlotto e Arcangeli, 2013). O odor típico dos peixes marinhos, crustáceos e moluscos já não frescos, deve-se principalmente à trimetilamina e está geralmente associado a modificações da fração lipídica (Cappelli e Vannucchi, 2005). À medida que a degradação progride, a quantidade de TMA acumulada na carne de peixe aumenta regularmente. Por esta razão, a determinação dos níveis de TMA-N é considerada um indicador útil da frescura do peixe e é utilizada para medir a deterioração química do peixe refrigerado: quase ausente na musculatura do peixe após a captura, aumenta regularmente durante o tempo de armazenamento (Tedesco, 2007; Gallina, Caburlotto e Arcangeli, 2013). A Autoridade Europeia Competente não estabeleceu critérios oficiais para o teor de TMA-N no peixe, no entanto, foram sugeridos limites hipotéticos: a) Peixe fresco: 1-5 mg/100 g de músculo; b) Peixe estragado: > 8-10 mg /100 g de músculo. No entanto, dependendo da identificação da família e da espécie, em algumas famílias (*Sparidae*), estes limites assumidos são excessivos, noutros casos, inadequados (Gallina, Caburlotto e Arcangeli, 2013).

Histamina

Uma pequena fração desta amina biogénica pode resultar de fenómenos autolíticos, mas a maior parte é devida à descarboxilação do aminoácido essencial histidina pela enzima histidina descarboxilase produzida principalmente por microrganismos Gram-negativos pertencentes às seguintes espécies *Proteus vulgaris, Escherichia coli, Salmonella spp, Enterobacter aerogenes, Morganella morganii, Clostridium spp, Klebsiella pmeumoniae,*

Vibro al- ginolyticus, Aeromonas spp, Acinetobacter spp, Lactobacillus buchneri (Gallina, Caburlotto e Arcangeli, 2013). A taxa de conversão da histidina em histamina não é idêntica para todas as espécies e depende, para além da flora bacteriana, também da conservação dos produtos da pesca: temperatura, humidade e pressão parcial de oxigénio (Cataudella e Spagnolo, 2011). A histamina é produzida principalmente a temperaturas de 20 a 40°C e valores de pH entre 6,0 e 7,0 (Gallina, Caburlotto e Arcangeli, 2013). Uma vez produzida, a enzima histidina descarboxilase continua a formar histamina mesmo a temperaturas de refrigeração. A refrigeração a baixa temperatura (cerca de 0°C) retarda a deterioração bacteriana do peixe e a formação de histamina, no entanto, esta pode ser reactivada em produtos descongelados (Gallina, Caburlotto e Arcangeli, 2013). A histamina é estável ao calor e não é desnaturada a temperaturas de cozedura e enlatamento. É geralmente inactivada a 116°C durante pelo menos 90 minutos (Gallina, Caburlotto e Arcangeli, 2013). A histamina no peixe é particularmente preocupante em termos de proteção da saúde pública: é responsável por uma importante intoxicação humana a nível mundial, o chamado "envenenamento por peixe Sgombroid", que causa cerca de 8.000 casos humanos por ano (Gallina, Caburlotto e Arcangeli, 2013). De acordo com o Regulamento (CE) n.º 853/2004, os operadores das empresas do sector alimentar devem assegurar o respeito dos níveis permitidos estabelecidos nos Regulamentos (CE) n.º 2073/2005; (CE) n.º 1441/2007 e (CE) n.º 1019/2013 em espécies com elevadas concentrações de histidina livre (*Scombridae, Clupeidae, Engraulidae, Coryfenidae, Pomatomidae, Scomberesocidae*).

Resíduos e contaminantes

De acordo com a legislação comunitária (Regulamento (CE) n.º 854/2004 da Comissão), os operadores das empresas do sector alimentar devem estabelecer um sistema de monitorização para controlar os níveis de resíduos e contaminantes. Uma enorme quantidade de produtos químicos provenientes de processos industriais e de resíduos urbanos está presente no ambiente aquático (Gallina, Caburlotto e Arcangeli, 2013). De acordo com o Regulamento (CE) 315/1993, é considerado contaminante químico "*...qualquer substância não adicionada intencionalmente aos alimentos, mas presente como resíduo da produção, fabrico, transformação, preparação, tratamento, acondicionamento, embalagem, transporte ou armazenagem de alimentos ou presente como resultado de contaminação devida ao ambiente...*" Mais de 80.000 substâncias químicas podem ser encontradas no ambiente aquático e algumas delas são de grande preocupação para a saúde humana e animal (Meloni, 2016). Os contaminantes mais importantes nos produtos da pesca são considerados metais pesados como mercúrio, chumbo e cádmio, arsénio, dioxinas, bifenilos policlorados (PCBs) e hidrocarbonetos aromáticos policíclicos (PAHs), notoriamente capazes de se concentrar nos produtos da pesca (Jaworski et al., 1987). O nível de contaminantes químicos pode variar consideravelmente e é influenciado por muitos factores: espécies, alimentação, estação, habitat, fase de vida e idade. Uma vez que muitos contaminantes químicos tendem a acumular-se na gordura, em geral, os peixes gordos apresentam níveis mais elevados (Tedesco, 2007). Devem ser estabelecidas disposições de monitorização para controlar os níveis máximos de resíduos e contaminantes como os metais pesados e as dioxinas, em conformidade com a legislação comunitária (Meloni, 2016). O Regulamento (CE) n.º 1881/2006 da Comissão, de 19 de dezembro de 2006, que fixa os teores máximos de certos contaminantes presentes nos géneros alimentícios, especifica os metais pesados e os teores máximos relativos a diferentes géneros alimentícios, incluindo os produtos da pesca. Este regulamento foi repetidamente alterado pelo Regulamento (CE) n.º 629/2008 da Comissão, de 2 de julho de 2008, pelo Regulamento (CE) n.º 420/2011 da Comissão, de 29 de abril de 2011, e pelo Regulamento (CE) n.º 488/2014 da Comissão, de 12 de maio de 2014. Num parecer publicado em 2005, a Autoridade Europeia para a Segurança dos Alimentos (EFSA) manifestou preocupação, especialmente no que respeita ao metilmercúrio que, em indivíduos que consomem grandes quantidades de peixe, pode exceder os níveis máximos toleráveis. Por este motivo, a EFSA recomendou que se limitasse o consumo de peixe, especialmente de peixe gordo, a uma ou duas porções de cerca de 130 g cada, por semana. Esta quantidade é suficiente para alcançar potenciais benefícios para a saúde e não expõe a riscos excessivos (Tedesco, 2007).

Controlos microbiológicos

A quantidade reduzida de glicogénio muscular nos produtos da pesca resulta numa acidificação pós-morte deficiente (Meloni, 2016). Além disso, devido ao elevado teor de água, o crescimento de bactérias de deterioração não é inibido, atingindo concentrações elevadas nos músculos. Pequenas quantidades de tecido conjuntivo não impedem a migração microbiana nos músculos (Meloni, 2016).

Além disso, as altas concentrações de polipéptidos e aminoácidos livres acrescentam um alto valor à carne de peixe, mas, ao mesmo tempo, são uma fonte primária de nutrientes para a multiplicação bacteriana. Como resultado, uma vez metabolizados, surgem odores indesejáveis e compostos tóxicos (aminas biogénicas). A conformação dos peixes e a estrutura do seu tecido muscular são factores adicionais que afectam: os peixes com pele espessa e muco cutâneo abundante oferecem uma elevada resistência à migração bacteriana transcutânea, ao mesmo tempo que os peixes muito grandes com membranas musculares bastante espessas têm, geralmente, um longo período de conservação. Os peixes pertencentes à mesma espécie mas de tamanho diferente, capturados nas mesmas condições, apresentam um período de conservação diretamente proporcional ao seu tamanho. A microflora bacteriana presente nos peixes pode ser autóctone ou alóctone: a microflora autóctone dos peixes está distribuída principalmente nas brânquias (50%). Os restantes 50% estão distribuídos de forma mais ou menos equitativa entre a pele (25-30%) e o intestino (25-20%) e estão estreitamente relacionados com a origem e são afectados pelo distrito geográfico, estação do ano, temperatura, sistemas de pesca e modificações físico-químicas (Meloni, 2016). Bactérias aeróbias ou aeróbias facultativas Gram-negativas como *Pseudomonas, Moraxella, Aeromonas, Proteus, Acinetobacter, Flavobacterium, Xantomonas, Vibrio* e bactérias Gram-positivas como *Bacillus, Corynebacterium* e *Micrococcus* são encontradas principalmente em águas temperadas. As bactérias Gram-positivas (*Enterobacteriaceae*) são predominantes nas águas tropicais. As bactérias psicrotróficas Gram-negativas como *Pseudomonas, Alteromonas* e *Shewanella* encontram-se principalmente em águas frias (pele e brânquias), pelo contrário,

As bactérias Gram-positivas como *Clostridium* encontram-se principalmente no intestino (Meloni, 2016). As únicas bactérias que são ao mesmo tempo constituintes naturais da microflora ambiental e dos animais marinhos e patogénicas para o homem são as *Vibrionaceae* e *o Clostridium botulinum*. Em tempo quente, a agitação do fundo do mar devido a correntes de ar ascendentes provoca a suspensão das bactérias do sedimento, uma vez que estas bactérias encontram condições de temperatura óptimas para o seu crescimento e multiplicação. Além disso, a abundância de materiais orgânicos em suspensão e o consequente aumento da eutrofização das águas representam o ambiente mais adequado para a multiplicação de *Vibrio, Clostridium, Aeromonas* e *Pseudomonas*. A diferente microflora autóctone afecta a conservação dos peixes e o seu prazo de validade: nos peixes capturados em águas frias, o arrefecimento pelo gelo é parcialmente eficaz contra as bactérias psicrófilas. Pelo contrário, os peixes capturados em águas quentes apresentam um período de conservação mais longo se forem armazenados sob gelo. A microflora alóctone ou acidental é representada pelas espécies microbianas típicas do conteúdo gastrointestinal do homem e dos animais, do solo e da água doce de superfície. Os produtos da pesca podem ser contaminados por microflora alóctone como *Salmonella, Listeria monocytogenes, Vibrio, C. botulinum, E. coli, Shigella, S. aureus, B. cereus* e vírus entéricos em águas costeiras e na proximidade de descargas de esgotos urbanos. Todas as espécies de agentes patogénicos resultantes da contaminação humana das águas são particularmente importantes para os moluscos bivalves (Cataudella e Spagnolo, 2011). O crescimento e a multiplicação da microflora bacteriana conduzem à formação de metabolitos de baixo peso molecular e ao consequente aparecimento de sabores e off-flavours indesejáveis. Apenas uma pequena fração da flora bacteriana nos peixes está diretamente envolvida no processo de deterioração e hoje em dia é bem conhecida a importância limitada das contagens bacterianas totais como índice de deterioração microbiológica nos peixes (Gallina, Caburlotto e Arcangeli, 2013). Atualmente, não foram estabelecidos critérios oficiais na Europa e os limites amplamente aceites para a contagem total de bactérias em peixes frescos devem ser integrados com a contagem de bactérias de deterioração (Gallina, Caburlotto e Arcangeli, 2013). Caso contrário, a determinação específica das espécies bacterianas denominadas *"bactérias de deterioração específicas"* (SSB) ou *"organismos de deterioração específicos"* (SSOS) é muito mais fiável (Gram e Huss, 1996). Apenas um número muito reduzido de espécies bacterianas é responsável pela produção de metabolitos de baixo peso molecular relacionados com alterações organolépticas nos peixes. Independentemente da temperatura da água de origem, *Shewanella pu- trefaciens* e *Pseudomonas spp.* são consideradas as principais SSOS em produtos da pesca refrigerados (Malle, 1994; Koutsoumanis, Lambropoulou e Nychas, 1999). O Regulamento (CE) n.º 854/2004 da Comissão relativo aos controlos microbiológicos dos produtos da pesca, no capítulo II, ponto E., refere *"Sempre que necessário, os controlos microbiológicos devem ser realizados em conformidade com as regras e critérios pertinentes estabelecidos na legislação comunitária (CE) 2073/2005 e no Regulamento (CE) 1441/2007... ".* Sempre que necessário, é efectuada a determinação de *E. coli* e estafilococos coagulase-positivos em produtos sem casca e descascados de crustáceos e moluscos cozinhados (como critérios de higiene do processo) e a determinação de *Salmonella* em crustáceos e moluscos cozinhados, moluscos bivalves vivos e equinodermes, tunicados e gastrópodes vivos (como critérios de segurança alimentar).

Parasitas

Os operadores das empresas do sector alimentar devem assegurar que os produtos da pesca destinados a serem consumidos crus ou quase crus ou, se ligeiramente conservados, se o tratamento não garantir a morte dos parasitas vivos, tenham sido submetidos a um exame visual para deteção de parasitas visíveis antes de serem colocados no mercado (Regulamento (CE) n.º 853/2004 do Conselho). Não devem colocar no mercado para consumo humano produtos da pesca que estejam "manifestamente contaminados" com parasitas. Os Regulamentos do Conselho (CE) 2074/2005 e 1276/2011 estabelecem regras pormenorizadas para a inspeção visual de toda a cavidade abdominal do peixe para detetar "parasitas visíveis" (um parasita ou um grupo de parasitas que tem uma dimensão, cor ou textura claramente distinguível dos tecidos do peixe) e para garantir que nenhum peixe contaminado chega aos consumidores (Meloni et al., 2015; Meloni, 2016). De acordo com o Regulamento (CE) n.º 854/2004 do Conselho, os inspectores oficiais devem realizar testes aleatórios através de inspeção visual para verificar o cumprimento da legislação comunitária em matéria de parasitas. A precisão dos métodos de inspeção visual depende em grande medida da formação e das competências dos operadores das empresas do sector alimentar e dos inspectores oficiais (Levsen et al., 2005). Os parasitas recuperados em produtos da pesca podem estar relacionados com zoonoses parasitárias transmitidas por peixes e os mais comuns pertencem a *Anisakis* e *Diphyllobothrium* (Tedesco, 2007). Estes parasitas tornam-se uma preocupação quando os consumidores humanos ingerem produtos da pesca crus ou ligeiramente conservados que albergam parasitas vivos (Meloni, 2016). Muito provavelmente, as zoonoses parasitárias transmitidas por peixes podem ser causadas por larvas vivas. As zoonoses parasitárias transmitidas por peixes podem ser transmitidas quando os consumidores humanos comem produtos da pesca de água salgada contaminados, crus ou ligeiramente conservados (Anisakiasis) ou produtos da pesca de água doce (Diphyllobotriasis). A anisakiose é uma zoonose humana transmitida por peixes, muito difundida na Ásia, em particular no Japão. Na Europa e na América do Sul, todos os anos são registados casos esporádicos de anisakiose, principalmente devido ao consumo de pratos de peixe ligeiramente conservados (Maggi et al., 2000; Pampiglione et al., 2002; Fumarola et al., 2009; Griglio et al., 2012). O arenque, a cavala, a cavala do Atlântico, o peixe-espada prateado, o verdinho, o bacalhau, a anchova, a sardinha, a tainha, o tamboril e a lula são as espécies mais afectadas. Muito frequentemente, as larvas de terceiro estádio morrem em poucos dias ou em poucas semanas sem qualquer sintoma significativo. As larvas não conseguem progredir no seu ciclo de vida nos seres humanos, mas podem penetrar na parede do estômago, produzindo granulomas eosinofílicos graves na mucosa gástrica (fase aguda) com sinais de úlcera gástrica e flegmões ou abcessos na submucosa gástrica e nas veias mesentéricas. Posteriormente, penetram na mucosa intestinal (fase crónica), com sinais de apendicite aguda ou peritonite: dor abdominal, náuseas, vómitos e, ocasionalmente, febre. Também foram descritas alergias com urticária, conjuntivite e inchaço da face e dos membros (Lopez Serrano et al., 2000; Audicana et al., 2002; Ventura et al., 2008). De acordo com o Regulamento (CE) 1169/2011 do Conselho, os operadores das empresas do sector alimentar que colocam no mercado produtos da pesca frescos destinados a serem consumidos crus ou ligeiramente conservados devem informar os consumidores sobre as condições adequadas de congelação, cozedura e consumo. Devem ser afixados sinais visíveis com informações claramente legíveis. Os operadores das empresas do sector alimentar devem eviscerar os produtos da pesca imediatamente após a sua captura, a fim de evitar a migração das larvas para a musculatura e, tal como acima referido, devem garantir que todos os seus produtos foram submetidos a um exame visual para deteção de parasitas visíveis. De acordo com os Regulamentos do Conselho (CE) 853/2004 e 1276/2011, o peixe cru destinado a ser consumido cru ou ligeiramente conservado deve ser congelado a uma temperatura interna de -25°C durante 15 horas, -20°C durante 24 horas (Gallina, Caburlotto e Arcangeli, 2013). Os congeladores domésticos podem não ser suficientemente frios para matar as larvas *de Anisakis*: nesta circunstância, os produtos da pesca devem ser congelados a uma temperatura interna de -18°C durante pelo menos 96 horas (Regulamento (CE) 1169/2011). Os produtos da pesca sujeitos a tratamentos térmicos a temperaturas >60° C durante um minuto antes do consumo não devem ser congelados. Os tratamentos mais eficazes para matar as larvas de terceiro estádio utilizando temperaturas elevadas são: +70°C durante 1 segundo, + 50°C durante 15 minutos ou + 45°C durante 78 minutos.

Produtos venenosos da pesca.

No mar Mediterrâneo, não existem espécies de peixes venenosos autóctones e substâncias tóxicas de origem endógena. A única exceção é representada pelos *Anguilliformes* (moreia, enguia, congro), que contêm uma toxina termolábil, completamente inactivada pela cozedura (Cappelli e Vannucchi, 2005). Devem ser efectuados controlos regulares para garantir que os seguintes produtos da pesca não sejam colocados no mercado:

1.   *Os peixes venenosos das seguintes famílias (Tetraodontidae, Molidae, Diodontidae e Canthigasteridae) não são colocados no mercado.* Trata-se de espécies carnívoras que vivem em águas marinhas tropicais, raramente encontradas em águas temperadas. *Os tetraodontiformes* acumulam uma poderosa neurotoxina termoestável e hidrossolúvel (tetrodotoxina, TTX) que pode causar paralisia do sistema nervoso central e periférico. Atualmente, é bem conhecida a origem bacteriana da TTX, sintetizada por microrganismos pertencentes aos géneros *Pseudomonas* e *Photobacterium*. A TTX bloqueia os canais de sódio na superfície das membranas nervosas e impede a sua entrada, interrompendo o potencial de ação ao longo da membrana nervosa. Um mg ou menos de TTX pode determinar a morte de um adulto: a vítima permanece paralisada, consciente e lúcida até alguns momentos antes da morte (em geral, em 4-6 horas). O consumo acidental de *Tetraodontiformes* vendidos fraudulentamente como *Lophiidae* tem sido repetidamente registado. Estes produtos são de grande valor comercial e estão frequentemente a ser substituídos por espécies menos valiosas, nomeadamente quando são comercializados decapitados. *Os Tetraodontiformes* do Pacífico e do Atlântico podem ser apresentados no mercado decapitados e sem pele para melhor simular a semelhança com os *Lophidae*. Para evitar possíveis fraudes de substituição, *os Lophidae* decapitados podem ser apresentados no mercado sempre com provas dos seus caracteres

distintivos: presença de pele e barbatanas. O Ministério da Saúde italiano, através de várias diretrizes administrativas, chama a atenção dos organismos sanitários fronteiriços para a necessidade de uma verificação rigorosa do certificado de acompanhamento dos produtos da pesca importados e do recurso a uma visita de inspeção para o reconhecimento das espécies de peixes, recorrendo também a análises laboratoriais, especialmente no caso de importações de produtos da pesca preparados (Tiecco, 2001).

2. *Produtos da pesca frescos, preparados, congelados e transformados pertencentes à família Gempylidae.* Basicamente, o Regulamento (CE) n.º 853/2004 refere-se a duas espécies (*Ruvettus pretiosus* e *Lepidocybium flavobrunneum*), muito comuns em águas tropicais e temperadas. Ambas as espécies contêm na sua musculatura ésteres parafínicos ricos em *Gempylotoxins* e com efeitos pronunciados de diarreia, que ocorrem rapidamente, sem cãibras ou dor. Nos EUA, a FDA desaconselhou a importação e a comercialização de *Gempylidae*; no Japão, é proibido vender e consumir estas espécies. Na Europa, de acordo com o Regulamento (CE) n.º 2074/2005, *os Gempylidae* só podem ser colocados no mercado embrulhados e com a indicação de um rótulo com as denominações científica e comercial. De acordo com o Regulamento (CE) n.º 1020/2008, é obrigatória a inclusão nos rótulos de informação adequada para os consumidores sobre os métodos de preparação e cozedura e os riscos relacionados com a presença de substâncias com efeitos gastrointestinais adversos.

3. *Os produtos da pesca que contenham biotoxinas como a ciguatera ou outras toxinas perigosas para a saúde humana não devem ser colocados no mercado.* O Regulamento (CE) n.º 853/2004 proíbe a comercialização de produtos da pesca que contenham ciguatoxinas. A autoridade europeia competente não estabeleceu critérios oficiais para o teor de ciguatoxinas no peixe, no entanto, o valor-limite de 0,01, ug P-CTX-I/Kg é razoavelmente considerado

como não perigoso (EFSA, 2010). O controlo da presença de ciguatoxinas ao longo de toda a cadeia de abastecimento dos produtos da pesca deve basear-se na identificação correta das espécies, em controlos regulares do fitoplâncton tóxico na água de lastro, na educação dos consumidores europeus sobre as zonas endémicas de "Ciguatera" e, sobretudo, sobre as espécies de peixe que não devem ser vendidas nem consumidas. Os lotes de peixes tóxicos ou importados de zonas tóxicas devem ser objeto de apreensão preventiva. A legislação comunitária sobre a rastreabilidade dos produtos da pesca (Regulamentos (CE) n.º 1224/2009, (CE) n.º 404/2011 e (CE) n.º 1379/2013) definiu um sistema de rastreabilidade válido que permite o fluxo de informação para rastrear o produto até à venda a retalho. A rotulagem dos géneros alimentícios permite que os consumidores façam escolhas informadas em relação aos alimentos que consomem e evitem qualquer prática que os possa induzir em erro (Massi et al., 2014; Meloni, 2015; Meloni et al., 2015).

Capítulo 3

Questões sanitárias, comerciais e biológicas ligadas a alguns

peixes de origem "tropical

3.1. Toxinas dos peixes e aspectos sanitários

As intoxicações alimentares causadas pela ingestão de peixes tóxicos podem ser agrupadas

de acordo com a toxina envolvida (Tiecco, 2001):

- *Intoxicação por tetrodotoxina;*

- *Intoxicação por ciguatoxina;*

- *Intoxicação por toxinas lipoproteicas;*

- *Intoxicação por peixes de água doce;*

- *Envenenamento por Anguilliformes.*

As duas primeiras toxinas são as mais importantes em termos de saúde pública:
Intoxicação por tetrodotoxina.

Desde a antiguidade, sabe-se que os peixes da ordem dos *Tetraodontiformes* são tóxicos para

os consumidores (Tiecco, 2001). Como referido no capítulo 2, estes peixes são capazes de

acumular uma neurotoxina potente, estável ao calor e solúvel em água, denominada

tetrodotoxina (TTX), 1200 vezes mais tóxica do que o cianeto de potássio, e responsável por

intoxicações humanas graves, por vezes fatais (Tepedino e Ferri, 2013). A TTX foi isolada e

nomeada pela primeira vez em 1910, mas só foi purificada e obtida na forma cristalina em

1950. A tetrodotoxina foi modificada de várias formas na sua estrutura química e a ação

biológica dos vários derivados foi amplamente estudada. A tetrodotoxina distribui-se de

forma variada nos tecidos animais, mas a maior quantidade é sempre encontrada nos ovos e

nos ovários, embora esteja presente no fígado, na pele e nos músculos (Tiecco, 2001). Está

também presente nos testículos, no fígado e na pele dos machos. Trata-se de uma das toxinas não protéicas mais potentes: a sua molécula é constituída por um grupo guanidínio carregado positivamente com cinco anéis adicionais fundidos que contêm grupos hidroxilo e, à semelhança da saxitoxina, interage com a estrutura do canal de Na+ dependente da voltagem. A TTX é um sólido cristalino branco com fórmula $C_{11}H_{17}N_3O_8$ e peso molecular de 219,27. A TTX não funde a 220°C e não apresenta absorção de UV. Aparentemente, parece ser uma base fraca (pKa 8,76) e existe como uma mistura equilibrada entre as formas: ortoéster, anidra e lactona. A sua forma altamente purificada dissolve-se facilmente em acético diluído. Pelo contrário, é pouco solúvel noutros solventes orgânicos (Poletti, 2015). A TTX é estável numa solução neutra ou pouco ácida e não se decompõe às temperaturas habituais de cozedura dos produtos da pesca. Como referido acima, e à semelhança de outras toxinas marinhas, as tetrodotoxinas têm uma elevada especificidade sobre a atividade do canal de sódio dependente de voltagem, localizado na membrana celular dos tecidos eletricamente excitáveis (fibras nervosas e musculares). A ação da TTX consiste em bloquear a difusão do sódio através do canal, impedindo a despolarização da membrana celular e a propagação do potencial de ação. Além disso, a TTX impede que o impulso elétrico atravesse o axónio da célula nervosa e se transforme em resposta química, com libertação secundária de neurotransmissores na fenda sináptica nervosa ou nas junções neuromusculares (Poletti,2015). Os sinais clínicos nos seres humanos aparecem de 15 minutos a 3 horas ou mais após a ingestão de peixe. A taxa de mortalidade é de 60% e a dose letal para o homem é de 1-2 mg de toxina cristalizada (Tiecco, 2001). Não existem antídotos válidos contra a TTX, pelo que o tratamento médico é apenas uma terapia de apoio (Poletti, 2015). Existem cerca de 80 espécies de peixes capazes de causar este envenenamento, mesmo que, para certas espécies, a toxicidade seja apenas presumida. Tal como referido no capítulo 2, a maioria destas espécies pertence às famílias

Tetraodontidae, Molidae, Diodontidae e *Canthigasteridae* (Tiecco, 2001). No Japão, as espécies pertencentes à família *Tetraodontidae* já são conhecidas por "*fugu*" e são vulgarmente designadas por "baiacu". Foram descritos envenenamentos por tetrodotoxina no Japão, na Índia, no Egito e na Florida. No Japão, onde esta forma é bem conhecida, a taxa de mortalidade variou entre 56 % e 60 %, respetivamente (Tiecco,2001). No verão de 1977, ocorreram também em Itália dez casos de envenenamento por TTX. Os inquéritos efectuados para identificar a natureza desta intoxicação permitiram detetar um certo número de baiacus importados juntamente com um lote de *Lophius piscatorius* (Tiecco, 2001). Apesar dos numerosos casos de morte por síndroma neurotóxico devido à ingestão de baiacu, o seu consumo não é proibido nos países asiáticos (zona tropical e subtropical), onde o baiacu é considerado um alimento tradicional. No Japão o consumo de *Tetraodontidae*, só é permitido em restaurantes oficialmente autorizados, onde trabalham chefes de cozinha altamente especializados no manuseamento de baiacu (Poletti, 2015). A principal caraterística anatómica dos *Tetraodontidae* é a presença de quatro dentes (dois superiores e dois inferiores) que se fundem numa forma semelhante a um bico. *Os Tetraodontidae* vivem principalmente nos recifes de coral, e algumas espécies tropicais podem estar localizadas em rios (Tiecco, 2001). O Instituto Italiano para o Ambiente Marinho Costeiro do Conselho Nacional de Investigação (IAMC-CNR), através da sua unidade operativa de Mazara del Vallo (Tp), desde 1994, efectua todos os anos duas viagens exploratórias de pesca de arrasto (estudo de arrasto), uma no final da primavera (programa internacional MEDITS) e a outra no outono (programa nacional GRUND), nos estreitos da Sicília. O desenho estatístico da amostragem é aleatório estratificado por profundidade na zona, atualmente denominada GU 16 de acordo com as definições da CGPM. Esta zona, que corresponde aproximadamente ao meio italiano (e maltês) do estreito da Sicília, estende-se por cerca de 57.500 km^2 . No total, foram efectuadas

3.463 enseadas, de 30' de profundidade entre 0 e 200 m (cobrindo uma área de 23.000 km2)

e de 1 h entre este limite e 800 m. Dos 98 peixes referidos pelo CIESM como alóctones do

Mediterrâneo, pelo menos 13 espécies foram capturadas durante transacções comerciais e

entregues aos laboratórios. Provavelmente estavam presentes nos estreitos da Sicília ou nas

proximidades (Bianchini e Ragonese, 2007) e incluíam:

- *Stephanolepis diaspros*: um pequeno Tetraodontidae introduzido através do Canal do Suez.

- *Sphoeroides pachygaster* (Ragonese et al.,1992): um baiacu omnipresente nos mares

subtropicais e temperados, chegou através do estreito de Gibraltar e é atualmente muito

comum no Mediterrâneo.

S. pachygaster foi a única espécie capturada durante as viagens de prospeção e a única sobre

a qual se dispunha de informações quantitativas. É interessante notar que durante as viagens

exploratórias anteriores (realizadas desde 1985 numa área maior), este baiacu estava

praticamente ausente na GSA italiana do estreito da Sicília. Só foi encontrado entre 50 e 200

metros de profundidade, aproximadamente nos 6% de cavernas efectuadas nestas camadas.

As capturas foram particularmente frequentes e abundantes em 1996 (cerca de 6-8

animais/km^2 , com 12% de cavernas positivas), enquanto nas últimas viagens de exploração

a taxa foi, em média, de 1-2 espécimes/km^2 , regressando aos valores do início dos anos 90[s] .

Mais recentemente, os peixes mais pequenos são capturados com frequência, confirmando a

hipótese de que a população foi definitivamente estabelecida, com eventos reprodutivos no

local (Bianchini e Ragonese, 2007). No mar Mediterrâneo, era totalmente desconhecido até

1980[s] : a primeira descoberta data de 1981, em Maiorca. A partir desse período, generalizou-

se, começando pelas águas espanholas e, atualmente, está presente também nas bacias orientais deste mar. Nos mares italianos está presente em todo o lado, exceto no norte do Adriático, mas não é comum. Vive em fundos de ervas marinhas, móveis ou rochosos (Visentin e Borg, 2014). Para além da espécie *S. pachygaster*, a recuperação do peixe-sapo de bochechas prateadas (*Lagocephalus sceleratus*) está a tornar-se cada vez mais frequente. Em primeiro lugar, foi registado nas águas do Líbano, Turquia e Síria. Agora está a deslocar-se por toda a bacia. A presença de bandos em torno do canal da Sicília, na Apúlia e, recentemente, também nas águas espanholas da Croácia e de Malta é considerada altamente preocupante (La Pira, 2016). Os avistamentos e as capturas sugerem um fenómeno migratório que deve ser cuidadosamente avaliado. Por este motivo, as autoridades italianas, juntamente com as espanholas, emitiram, no início do ano, um aviso que envolvia as autoridades portuárias. Em particular, este aviso foi dirigido aos pescadores recreativos que podem capturar estes peixes e, ignorando o risco que representam, consumir carnes contaminadas (La Pira, 2016).

Intoxicação por Ciguatoxina
Ciguatera é um termo utilizado para definir a intoxicação humana causada pela ingestão de produtos da pesca que acumularam Ciguatoxinas (CTX). As ciguatoxinas acumulam-se nos peixes após a biotransformação do precursor Gambiertoxina produzido por *Gambierdiscus toxicus*, um dinoflagelado bentónico (Gallina, Caburlotto e Arcangeli, 2013; Poletti, 2015). Esta intoxicação por toxinas de algas, a mais popular do mundo, é típica dos mares tropicais do Pacífico Sul e das Caraíbas, especialmente em águas pouco profundas e na presença de recifes, onde proliferam, dando origem aos chamados blooms de algas (Tiecco, 2001; Gallina, Caburlotto e Arcangeli, 2013). As regiões mais afectadas estão compreendidas entre a latitude 35° N e 35° S (Poletti, 2015). As espécies de peixes típicas dos sistemas costeiros tropicais (que se alimentam destes dinoflagelados ou que se alimentam de peixes portadores de toxinas)

podem causar intoxicação nas pessoas que as consomem (Gallina, Caburlotto e Arcangeli, 2013). As Ciguatoxinas (CTX) presentes nos oceanos Pacífico, Caraíbas e Índico são classificadas em três grupos: CTX-P, CTX-C e CTX-I (Gallina, Caburlotto e Arcangeli, 2013). A presença de ciguatoxinas não está relacionada com a frescura do peixe. As concentrações mais elevadas de ciguatoxina foram detectadas em grandes peixes predadores e as famílias mais envolvidas são *Serranidae, Scaridae, Balistidae, Acanturidae, Lutjanidae, Lethrinidae, Carangidae, Mugilidae, Labridae* e *Sphyraenidae*. No entanto, nem todas estas famílias acumulam Ciguatoxina da mesma forma: a família *Acanturidae* inclui duas espécies responsáveis por 90% das intoxicações (*Cnetochaetus striatus* e *Cnetochaetus strigosus*). Embora não estejam presentes no mar Mediterrâneo, dado o aumento constante da importação de espécies de peixes tropicais, a presença de Ciguatoxinas deve ainda ser considerada um risco potencial para os consumidores europeus (Gallina, Caburlotto e Arcangeli, 2013). A intoxicação por peixes Ciguatera (PCP) é caracterizada por sintomas gastrointestinais e neurotóxicos. Todos os anos, o número de pessoas intoxicadas pela PCP varia entre 10 000 e 50 000. Do ponto de vista químico, a ciguatoxina é um poliéster lipídico semelhante ao ácido Okadaico produzido por outros dinoflagelados. Dadas as diferenças sintomáticas entre os indivíduos afectados, é possível distinguir 4 tipos diferentes de ciguatera, caracterizados por:

1) Perturbações gastrointestinais (vómitos e diarreia);

2) Perturbações cardiovasculares (hipotensão, bradicardia);

3) Perturbações dos órgãos sensoriais;

4) Incoordenação motora geral, paralisia e convulsões;

A morte ocorre raramente e a saída geral é a recuperação completa do indivíduo em poucos dias ou, nos casos mais graves, em meses (Tiecco, 2001).

3.2. Questões comerciais

Apesar do compromisso de proteção da saúde do consumidor e de obter a sua confiança por parte da maioria das indústrias alimentares, nos últimos tempos o argumento das fraudes alimentares tem ganho atenção (EUFIC, 2013). Com o termo "fraude alimentar", indica-se a produção, detenção, comércio, venda e administração de alimentos que não cumprem as leis existentes. O crime de fraude no comércio resultará numa redução do valor económico e nutritivo dos produtos (Semeraro, 2011). Na prática comum, se a fraude diz respeito a alimentos, assume inevitavelmente uma valência sanitária ou nutricional que complementa a sua valência económica. As fraudes alimentares podem ser divididas em duas tipologias (Semeraro, 2011):

a)   As fraudes sanitárias, também designadas por fraudes tóxicas, porque constituem uma ameaça para a saúde do consumidor, causando-lhe danos;

b)   Fraudes comerciais, porque prejudicam os interesses económicos dos consumidores sem causar necessariamente danos à saúde humana

As fraudes relativas à comercialização de alimentos para animais são as seguintes:

I.   *Falsificações:* comercialização de um produto em vez do declarado, definida também como *aliud pro alio* (*por exemplo,* venda de espécies de peixe de baixo valor em vez de espécies de peixe de elevado valor)

II.   *Falsificações:* finalizadas para conferir aos géneros alimentícios uma identidade diferente da que possuem ou para criar um produto com substâncias diferentes em qualidade ou quantidade, daquelas de que é composto (Guardone, 2015).

Também no sector das pescas, as fraudes são um fenómeno generalizado e crescente, sendo as mais frequentes as seguintes

a)   *Produtos descongelados vendidos como frescos*

b)   Produtos de criação vendidos como selvagens

c)   Venda de espécies de peixes diferentes das declaradas

d)   Produtos tratados com aditivos não autorizados, muitas vezes para mascarar alterações (por exemplo, revitalização da cor das guelras através de um tratamento com anilina e amoníaco (Guardone, 2015).

De facto, a cadeia de abastecimento da pesca é um dos sectores comerciais mais sujeitos à fraude da substituição de espécies. A difusão da substituição de espécies varia consoante os estudos, mas ronda frequentemente um terço ou um quarto do pescado examinado (Guardone, 2015). A fraude por substituição de espécies tem, na maioria dos casos, um valor exclusivamente comercial, com espécies menos caras vendidas como espécies mais caras. No entanto, por vezes, esta fraude tem implicações mais complexas e pode ser motivo de preocupação para a saúde pública. O número crescente de espécies disponíveis no mercado não só promove fraudes comerciais, como também pode expor os consumidores a novos riscos para a saúde, anteriormente limitados a áreas geográficas específicas. Como referido anteriormente, as substituições ilegais de caudas de tamboril podem determinar o consumo de espécies perigosas como os baiacus, cuja venda na Europa é proibida (Reg. CE n.º 854/2004) por serem potencialmente letais (Guar- done, 2015). As diretrizes italianas sobre a higiene dos produtos da pesca, de 5 de novembro de 2015, contêm uma tabela com a diferença entre os tamboris (*Lophius piscatorius* e *Lophius budegassa*) e *os Tetraodontiformes*, ambos de cabeça para baixo. Além disso, a circular do Ministério da Saúde n.º 48 de 13/05/1983, que regula a importação de tamboril, já definia as caraterísticas distintivas entre as duas espécies. No relatório anual do Plano Nacional Integrado 2014, relativamente aos resultados da atividade desenvolvida pelas autoridades portuárias italianas, foi possível traçar um quadro geral global da situação nacional, agrupando o número de violações em três categorias: rastreabilidade/rotulagem, conservação incorrecta e fraude. No total, foram assinaladas 2 774 violações relacionadas com a segurança alimentar (EM, 2014). Foram detectadas quantidades significativas de produtos (kg 255.990) vendidos fraudulentamente como produtos da pesca de maior valor, em grossistas e grandes retalhistas. Vários estudos recentes, que utilizaram técnicas baseadas na impressão digital do ADN, confirmaram que as fraudes são extremamente generalizadas, atingindo valores da ordem dos 25-80% em espécies como o pargo, o salmão selvagem e a pescada europeia (Guardone, 2015). Uma quantidade considerável de espécies de baixo valor é vendida sob o nome de pargo (*Lutjanus campechanus*), uma das espécies mais substituídas no mundo. Outros exemplos são a pescada europeia, frequentemente substituída por outras espécies de peixe, e a marlonga negra (*Dissosticus eleginoides*), comercializada como robalo chileno. Em Itália, devido à elevada procura, as formas juvenis de *Sardina pilchardus* (o chamado "*bianchetto*") e de *Aphia minuta* (geralmente designada por "*rossetto*") são muito caras (20-40 euros/kg) e são frequentemente objeto de fraudes: podem ser comum e facilmente substituídas pelo menos valioso *Neosalanx Tangkahkeii* chinês, um dos peixes mais exportados na Europa. Estes exemplos realçam a necessidade de sistemas de rastreabilidade eficazes, para garantir a transparência da identidade e da origem dos produtos comercializados, o cumprimento das regras da UE e a veracidade das informações constantes dos rótulos. Nesta perspetiva, a análise das impressões digitais de ADN pode ser uma ferramenta poderosa para a deteção de fraudes. A utilização destas técnicas permite a identificação inequívoca e rápida das espécies objeto de fraude: isto é de importância fundamental para as possíveis implicações sanitárias e comerciais (Guardone, 2015).

3.3 A influência na dinâmica populacional das espécies de pesca comercial

A dinâmica populacional é o estudo da vida da entidade ou unidade viva a que chamamos população. É um ramo da biologia que, com a ajuda de outras ciências, principalmente a matemática, tenta descrever e quantificar as mudanças que ocorrem constantemente na população (Csirke, 1989). A oceanografia biológica pode ser definida como a ciência que tem como principal objetivo investigar as relações entre todos os seres vivos e o meio físico marinho, incluindo as relações entre indivíduos da mesma espécie ou de espécies diferentes: este é o tema da ecologia e, no caso específico, da ecologia marinha. Quando a oceanografia biológica é orientada para fins económicos e a investigação afecta as populações animais de interesse económico, pode ser incluída no domínio da biologia das pescas. O principal objetivo da biologia das pescas é estabelecer as bases biológicas da regulamentação nacional sobre a pesca para melhorar o seu rendimento, sem incorrer no fenómeno depreciado dedeclínio dos stocks de peixes, definido como "sobrepesca" (Maldura, 1971). Em 2011, a elevada pressão da pesca sobre o ambiente revelou uma redução das unidades populacionais. Consequentemente, muitos países europeus decidiram reduzir o esforço de pesca e aumentar a seletividade das artes de pesca no âmbito da Política Comum das Pescas. Contudo, a regulação do esforço de pesca por um único país ou à escala de uma bacia marítima não é suficiente para garantir a conservação dos recursos biológicos marinhos e a preservação da biodiversidade. Numa visão ecossistémica do Mediterrâneo, a pressão das alterações ambientais sobre o biota pode anular qualquer sacrifício pedido à pesca (COSVAP, 2011). Entre todos os factores ambientais, a temperatura é o mais importante. Todas as variações podem afetar a existência dos organismos marinhos, acelerar ou atrasar os processos bioquímicos e afetar as actividades enzimáticas. Numerosos processos físicos (viscosidade e densidade da água, solubilidade dos gases, nomeadamente do oxigénio e do dióxido de carbono) são fortemente condicionados pela temperatura. Em relação a cada um destes factores físicos, as espécies individuais apresentam diferentes tolerâncias, que constituem a chamada valência ecológica. Cada espécie pode adaptar-se (dentro de certos limites) à alteração das condições físicas e ambientais. Para outras espécies, essas alterações podem ser toleráveis (Maldura, 1971). Outro fenómeno importante é a incidência do aquecimento das águas na fertilidade dos peixes. Há mais de 20 anos, o bacalhau desapareceu dos Grandes Bancos da Terra Nova e, embora em 1992 a pesca tenha sido suspensa, este peixe não voltou a aparecer nessas águas. Trata-se de um risco real para muitas outras espécies, como por exemplo o atum vermelho do Mediterrâneo. Isto resultará numa ameaça para o consumo humano e para a economia global, em primeiro lugar para os países em desenvolvimento (Bavarez Blanco, 2009). Atualmente, é cientificamente aceite que as alterações climáticas são uma realidade. Prevê-se que a temperatura das costas marinhas europeias continue a aumentar durante o século XXI, com um aumento esperado da temperatura da superfície marinha de 0,2°C a cada 10 anos (Clemmesen et al., 2007). Como referido anteriormente, a temperatura é um elemento fundamental para os nichos ecológicos dos peixes: estes tendem a selecionar habitats com temperaturas que incentivam a sua taxa de crescimento. No entanto, é difícil prever os efeitos das variações de temperatura sobre os peixes. Os efeitos diretos e indirectos do clima podem provocar deslocações de populações de peixes, invasões de espécies exóticas ou mesmo o desaparecimento de espécies (Clemmesen et al., 2007). Eventuais alterações na estrutura da comunidade devido à chegada destas novas espécies podem afetar o modo de funcionamento de todo o ecossistema, que deve ser compreendido e analisado, para planear possíveis intervenções de gestão (Caccin et al., 2014). O que acontece quando as espécies exóticas entram em contacto com as espécies locais? as espécies podem entrar em competição: a presença das espécies exóticas pode levar as espécies a mudar a sua própria zona de área. Desta forma, as relações complexas entre os organismos que tornam o ambiente estável e resistente podem mudar drasticamente. Na pior das hipóteses, as espécies exóticas podem ser demasiado competitivas, levando ao desaparecimento de algumas espécies autóctones particularmente susceptíveis. Foi o que aconteceu, por exemplo, no caso do salmonete (*Mullus barbatus*), substituído em grande parte pela espécie lessepsiana correspondente *Upeneus moluccensis* (Gastoldi, 2015). A *Fistularia commersonii* é uma espécie carnívora de nível trófico elevado, que se alimenta de espécies de peixes de interesse comercial, como o picarel (*Spicara smaris*), o bogueiro (*Boops boops*) e a tainha (*Mullus spp*). A *Fistularia commersonii* expandiu-se rapidamente e existem sérias preocupações quanto ao seu efeito na estrutura e dinâmica populacional da comunidade nativa (Meloni e Piras, 2013; Fanelli, 2016). Em alguns casos, as espécies exóticas expandem-se até à substituição da população local, causando consequências também para as populações de algas marinhas. Um caso semelhante e importante é o do espinhel manchado de castanho: uma vez chegados ao Mediterrâneo, estes peixes herbívoros encontraram poucos concorrentes naturais e conseguiram substituir a população de herbívoros locais, reduzindo drasticamente também as populações de algas predadas (Gas- toldi, 2015). As algas proporcionam um habitat seguro a muitas espécies, incluindo muitos invertebrados, que, por sua vez, são presas de peixes carnívoros. Destruindo este habitat, os espinheiros manchados de castanho determinarão o colapso do complexo sistema alimentar do Mediterrâneo (Fanelli, 2016). Pode mesmo acontecer que a espécie alóctone seja um vetor de doenças para as quais os organismos locais não estão bem preparados. Todas estas invasões levaram a uma alteração das estruturas comunitárias e do sistema alimentar original, provocando a diminuição dos organismos indígenas. Com esta diminuição, há uma alteração da diversidade genética das populações com a possibilidade de extinção local e consequente perda da função do ecossistema. A alteração do potencial genético de uma população significa que no momento em que, por razões diversas, os organismos de uma população diminuem, diminui o número de indivíduos disponíveis para a reprodução e, consequentemente, diminui a mesma variabilidade genética. Isto resultará em uniformizar a população e aumentar o risco de extinção (Gastoldi, 2016). É praticamente impossível que o desaparecimento de um organismo deixe o ambiente inalterado e estável (Fanelli, 2016). No futuro próximo, a situação mudará novamente, devido à ampliação do Canal de Suez, com previsão de conclusão em 2023. A ampliação do canal irá aumentar a invasão biológica do Mediterrâneo. A comunidade científica já está mobilizada para isso, pois se não é possível suspender as obras, foram propostos procedimentos de monitorização constante da situação. Como é impossível evitar a próxima invasão lessepsiana, a monitorização contínua poderá informar adequadamente a entrada de espécies exóticas, activando procedimentos de controlo ou de alerta, se necessário (Gastoldi, 2015). As alterações climáticas podem, portanto, ter sérias implicações económicas para a pesca industrial. Este sector está diretamente ligado à produção marinha: um aumento ou uma diminuição da produtividade de 10% conduziria a um ganho ou a uma perda económica superior a 200 milhões de euros (Clemmesen et al., 2007). Dado o elevado número de interações presentes e devido às alterações climáticas, os conhecimentos actuais não permitem fazer previsões quantitativas sobre as variações da produção marinha mundial. Por conseguinte, é certo que as alterações da produtividade e da sazonalidade afectarão a exploração dos recursos marinhos existentes (Clemmensen et al., 2007).

Referências

Andaloro, F.; Blasi, C.; Capula, M.; Grapow, Celesti L.; Frattaroli, A.; Genovesi, P.; Zerunian, S. (2009). L'impatto delle specie aliene sugli ecosistemi: proposte di gestione; Esiti del Tavolo tecnico-verso la strategia Nazionale per la biodiversita. Ministero dell'ambiente e della tutela del territorio e del mare. Disponível em linha em: http://www.minambiente.it/sites/default/files/archivio/allegati/biodiversita/TAVOLO 3 SPECIE ALIENE

Andaloro, F. (2010). Tra sviluppo sostenibile e conservazione della biodiversita biologica. ideAmbiente, Anno 7, numero 48, settembre/ottobre,2010. Disponível em linha em: http://www.isprambiente.gov.it/files/biodiversita/IA2010 48 17-20 Andal9oro.pdf

Audicana, M.T., Ansotegui, I.J., de Corres, L.F., Kennedy, M.W. (2002). Anisakis simplex: dangerous-dead and alive? Tendências em Parasitologia, 18:20-25.

Baverez Blanco J. (2009). Salviamo l'oceano, cambiamo le nostre abitudini alimentari; IL Pesce 4, 34-37.

Bellofiore, R.; Corazzon, P.; Giuliacci, A. (2005). La Meteorologia in mare: guida completa per diportisti e regatanti. Ed. Alph9a Test, Milano, Itália.

Bianchi,C.N.; Morry, C. (2000). Biodiversidade marinha do Mar Mediterrâneo: situação, problemas e perspectivas de investigação futura. Marine Pollution Bulletin, 40(5):367-376.

Bianchini, M.L., Ragonese S. (2007). Presenze di specie ittiche esotiche come possibili indicatori di cambiamenti climatici: il caso dello Stretto di Sicilia. Disponível online em: http: //www.dta.cnr.it

Caccin, A; Anelli Monti, M; Libralato, S.; Pranovi,F. (2014). Specie aliene termofile e funzionamento dell'ecosistema: Il caso di studio dell'alto Adriatico. Atti del 45° Congresso della Società Italiana di Biologia Marina; Venezia, 19-23 maggio 2014.

Campbell, N.A.; Reece, J. B.; Simon E. J. (2008). L'essenziale di biologia. Ed. Pearson, Itália.

Cappelli, P.; Vannucchi, V. (2005). Chimica degli alimenti. Conservazione e trasformazione. Ed. Zanichelli, Bolonha, Itália.

Cataudella, S.; Spagnolo, M. (2011). Lo stato della pesca e dell'acquacoltura nei mari italiani; OnLine group srl-Roma; Mipaaf,2011; Disponível online em: https://www.politicheagricole.it/flex/files/b/f/e/D.92aac5bfec03a48474c3/cap19.pdf

CBD (2009). Conferência das Partes COP 6, Decisão VI/23: Espécies exóticas que afectam os ecossistemas, os hábitos ou as espécies. Convenção sobre Diversidade Biológica. Disponívelonline em: www.cbd.int/doc/decisions/cop-06-dec-23-es.pdf

Cerrano C.; Ponti M.; Silvestri S. (1999) Guida alla Biologia marina del Mediterraneo, Ricerche Design editrice, Milano, Italia.

Clemmesen, C.; Potrykus, A.; Schmidt, J. (2007). Cambiamenti climatici e pesca europea-Dipartimento tematico delle Politiche strutturali e di coesione-Bruxelles, Parlamento europeo, 2007. Disponível em linha em:

http://www.europarl.europa.eu/activities/expert/eStudies.do?language=IT

Cognetti, G., Sara, M., Magazzu, G. (1998). Biologia Marina, Calderini Editore, Bolonha, Itália.

Coll, M.; Piroddi, C.; Steenbeek, J.; Kaschner, K.; Ben Rais Lasram, F. (2010). A biodiversidade do Mar Mediterrâneo: estimativas, padrões e ameaças. Plosone, 5 (8): e11842.

Corselli, C. (2009). Cambiamento climatico, biodiversita marina, eventi estremi: una strategia per la ricerca marina in Italia/Inquadramento paleoecologico. Disponível em linha em: http://www.conisma.it/.

COSVAP-Distretto produttivo della pesca- Osservatorio della pesca del Mediterraneo (2011). Rapporto Annuale sulla Pesca e sull'Acquacoltura in Sicilia 2011 "Limiti ed opportunita di pesca nelle acque intemazionali". Disponível em linha http://www.distrettopesca.it/Portals/distrettopesca/Documenti/Rapporti%20annual i/rapporto_annuale_2011%2006062012%2015h19.pdf

Decreto legislativo 30 dicembre 1992, n. 531, recante: "Attuazione della direttiva 91/493/CEE che stabilisce le norme sanitarie applicabili alla produzione e commercializzazione dei prodotti della pesca, tenuto conto delle modifiche apportate dalla direttiva 92/48/CEE che stabilisce le norme igieniche minime applicabili ai prodotti della pesca ottenuti a bordo di talune navi". Gazzetta Ufficiale, Serie Generale n.175 del 29-7-1998

AEA (1999). State and pressures of the marine and coastal mediterranean environment, Environmental Assessment Series, No 5. Disponível em linha em: https://www.eea.europa.eu/publications/medsea/download

EFSA-Autoridade Europeia para a Segurança dos Alimentos (2012). "Parecer científico sobre biotoxinas marinhas em moluscos - toxinas emergentes: Ciguatoxin group" EFSA Journal 8(6): 1627.

EUFIC (2013). Lotta contro la frode alimentare in Europa. Disponível em linha em: http://www.eufic.org/article/it/artid/T ackling_food_fraud_in_Europe

Fanelli, E. (2016). Invasioni biologiche nel Mediterráneo E possibile trasformare un problema in un'opportunita?. Disponível online em: http://www.enea.it/it/pubblicazioni/pdf-eai/n-1-gennaio-marzo-2016/7-invasioni-b iologiche.pdf

Fumarola, L., Monno, R., Ierardi, E., Rizzo, G., Giannelli, G., Lalle, M., Pozio, E. (2009). Anisakis pegreffii agente etiológico de infecções gástricas em duas mulheres italianas". Foodborne Pathogens Diseases, 6:1157-1159.

Galil B.S. (2008). Espécies exóticas no Mar Mediterrâneo - quais, quando, onde, porquê? Hydrobiologia, 606(1): 105-116.

Galil, B.S. (2007). Perda ou ganho? Alienígenas invasores e biodiversidade no mar Mediterrâneo. Marine Pollution Bulletin 55, 314-322.

Gallina A., Caburlotto G. e Arcangeli G. (2013). Prodotti della pesca e dell'acquacoltura freschi e lavorati: qualita, salubrita e analisi di laboratorio." Edizioni Scripta, Verona, Itália.

García, N., Cuttelod, A. (2013). Pérdida de biodiversidad en el Mediterráneo: causas y propuestas de conservación. Memorias Real Sociedad Espanola Historia Natural, 2ª ép., 10, 2013.

Gastoldi, L. (2015). Specie aliene: effetti sul mare nostrum; 1/6/2015. Disponível online em: http://www.biochronicles.net/news/bioscienze/specie-aliene-mare-nostrum;

Gram, L. e Huss, H.H. (1996). Microbiological spoilage of fish and fish products. Jornal Internacional de Microbiologia Alimentar 33, 121-137.

Griglio, B., Marro, S., Marotta, V., Testa, A., Sattanino, G., Civera, T., Fazio, G., Negro, M., Cravero, M., Pairone, B., Raschio, C., Rossignoli, M., Biglia, C., Decastelli, L. (2012). Anisakidae: valutazione del rischio e indicazioni operative per i controlli ufficiali alla luce del quadro normativo. Disponível em linha em: http://www.cms.aivemp .It/ SiteTailor Common/showBinary .aspx?id=7173.

Guardone, L. (2015). Frodi alimentari di origine animale-generalita; Dossier: Scienza attiva; Ediz. speciale EXPO TO 2015.

3. IUCN (2014). A Lista Vermelha de Espécies Ameaçadas da IUCN 2015-4. Disponível em linha em: http://www.iucnredlist.org/

. Jorge Csirke B. (1989). Introducción a la dinámica de poblaciones de peces. Fao documento tecnico de pesca ;192, Roma, 1989. Disponível em linha em: http://www.fao.org/3/a-t0169s.pdf

Koutsoumanis, K., Lampropoulou, K. e Nychas, G.-J.E. (1999). Aminas biogénicas e alterações sensoriais associadas à flora microbiana da dourada do Mediterrâneo (Spaurus aurata) armazenada de forma acrobática a 0, 8 e 15 °C. *Journal of Food Protection* 62, 398-402.

La Pira, R. (2016). Avvistato pesce palla nel Mediterraneo altamente tossico. Scatta l'allerta nelle capitanerie di porto. Rischio. Disponível online em: http://www.ilfattoalimentare.it;15 gennaio 2016.

Lejeusne, C., Chevaldonné, P., Pergent-Martini, C., Boudouresque, C. F., Pérez T. (2010). Efeitos das alterações climáticas num oceano em miniatura: o Mar Mediterrâneo, altamente diversificado e altamente afetado. Tendências em Ecologia e Evolução, 25, 250-260.

. Levsen, A., Lunestad, B.T. e Berland, B. (2005). Baixa eficiência de deteção da vela como método de inspeção geralmente recomendado para larvas de nemátodos na carne de peixes pelágicos. Journal of Food Protection 68:828-832.

López-Serrano, M.C., Gomez, A.A., Daschner, A., Moreno-Ancillo, A., de Parga, J.M., Caballero, M.T., Barranco, P., Cabañas, R. (2000). "Anisaquíase gastroalérgica: achados em 22 pacientes". Journal of Gastroenterology and Hepatology 15(5):503-506.

.Maggi, P., Caputi Iambrenghi, O., Scardigno, A., Scopetta, L., Saracino, A., Valente, M., Pastore, G., Angarano, G. (2000). "Infeção gastrointestinal devida a Anisakis simplex no Sul de Itália". European Journal of Entomology 16: 75-78.

Maldura, C. (1971). Oceanografia biologica; Bulzoni editore, Roma, Italia.

Malle, P. (1994). Microflora bacteriana em peixes marinhos e avaliação da deterioração. Recueil de Médecine Vétérinaire 170: 147-157.

Massi, A.; Gentili, V.; Capozucca A. (2014). Etichettatura dei prodotti della pesca e dell'acquacoltura informazioni al consumatore. Il Pesce, 5,2014.

McLean R.F., Tsyban A. (2001). Coastal Zones and Marine Ecosystems. Climate Change 2001: impact, adaptation and vulnerability'. Relatório do IPCC.

Meloni D., Piras P. (2013). Novo registo do peixe-corneta de manchas azuis, Fistularia commersonii Rüppell, 1838 (Syngnathiformes Fistularidae), no sudoeste do Mar Mediterrâneo. Biodiversity Journal, 4, (3), 435-438.

Meloni D., Arca C., Piras P.L. (2015). Inexatidão da rotulagem e inspeção visual de parasitas microsporídeos no tamboril Lophius litulon (Jordan, 1902) coletados em mercados de varejo chineses na Sardenha (Itália). Jornal de Proteção

Alimentar, 78, 6, 1232-123

Meloni D., Piras P., Mazzette R. (2015). Rotulagem incorrecta e substituição de espécies em produtos da pesca vendidos a retalho na Sardenha (Itália) entre 2009 e 2014. Jornal Italiano de Segurança Alimentar, 4:5363, 199-203.

Meloni D. (2015). Inquérito sobre a rotulagem e comercialização de moluscos bivalves e gastrópodes vendidos a retalho na Sardenha (Itália) entre 2009 e 2013. Jornal Italiano de Segurança Alimentar, 4:4923, 104-106

Meloni D. (2016). Inspeção e Controlo dos Produtos da Pesca e dos Moluscos Bivalves Vivos. Série: Fish, Fishing and Fisheries, Nova Science Publishers, Inc. Nova Iorque, 1-109.

. Ministero della salute (MS) (2016). PNI 2015-2018; ultimo aggiornamento 2016;

Disponível online em:
www.salute.gov.it/pianoNazionaleIntegrato2015/stampaSezionePianoNazionaleI n tegrato2015.jsp?cap=capitolo2&sez=pni-cap2-autoritacompetenti

Ministero della Salute (MS) (2014). Relazione annuale 2014; Disponível online em: http://www.salute.gov.it/relazioneAnnuale2014

Nati, S. (2011). Il Mediterraneo come punto di congiunzione tra due terre lontane: Il parallelismo tra l'Italia e la Nuova Zelanda; Italy, the Mediterranean...And Beyond. Atti della conferenza Echioltremare Roma 2011; Roma, 17-18 giugno, 2011.

. Pampiglione, S., Rivasi, F., Criscuolo, M., De Benedettis, A., Gentile, A., Russo, S., Testini, M., Villani, M. (2002). Anisakiasis humana em Itália: Um relatório de onze novos casos. Pathology Research and Practice 198:429-434.

Ojaveer H. (2013). Dez recomendações para fazer avançar a avaliação e a gestão das espécies não indígenas nos ecossistemas marinhos. Marine Policy, Disponível em linha em: http://dx.doi.org/10.1016/j.marpol.2013.08.019i

Parlamento del mediterraneo (Pdm) (2015). Mediterraneo crocevia di popoli e culture civilta e religioni; "Il Mediterraneo". Disponível em linha em: http://www.mediterraneanparliament. cc/?p=6089

Piazzi, L. (2012). L'ambiente marino Mediterraneo - Caratteristiche ecologiche e conservazione della biodiversita e delle risorse; pubblicazione nell'ambito del progetto MOMAR (sistema integrato per il monitoraggio e controllo dell'ambiente marino) Regione Toscana, 2012. Disponível em linha em: http://www.regione.toscana.it/-/l-ambiente-marino-mediterraneo-caratteristiche-ec ologiche-e-conservazione-della-biodiversita-e-delle-risorse

. Poletti, R. (2015). Biotossine marine. Origine, diffusione e controllo, Fondazione Centro Ricerche Marine, Centro stampa Regione Emilia Romagna, Cesenatico, Italia.

. Pomeroy, R.S., Parks, J.E., Watson L.M. (2004). Como está a sua AMP? A Guidebook of Natural and Social Indicators for Evaluating Marine Protect Area. Programa da IUCN sobre Áreas Protegidas, 2004. Disponível online em: https://portals.iucn.org/library/efiles/documents/PAPS-012.pdf

. Provini, A., Galassi , S., Marchetti, R. (1998). Ecologia applicata. Citta Studi Edizioni, Torino, Itália

.Puglia, G. (2014). Aspetti sanzionatori dell'etichettatura dei prodotti alimentari; Ispettorato centrale della tutela della qualita e repressione frodi dei prodotti agro-alimentari; Teramo,2014. Disponível em linha em:

www.poloagire.it/uploads/model_1/aspetti_sanzionatori_dell_etichettatura_dei_p
r odotti_alimentari.pdf

. Regolamento di esecuzione (UE) n. 404/2011 della Commissione, dell' 8 aprile
2011 , recante modalita di applicazione del regolamento (CE) n. 1224/2009 del
Consiglio che istituisce un regime di controllo comunitario per garantire il
rispetto delle norme della politica comune della pesca *Gazzetta Ufficiale L 112
del 30.4.2011, pagg. 1-153*. Disponível em linha
em: *http://eur-lex.europa.eu/legal-content/IT/TXT/?uri=uriserv:OJ.L_.2011.112.
01.0001.01.ITA&toc=OJ:L:2011:112:TOC*

. Regolamento (UE) n. 420/2011 della Commissione del 29 aprile 2011 che
modifica il regolamento (CE) n. 1881/2006 che definisce i tenori massimi di
alcuni conta- minanti nei prodotti alimentari - Gazzetta Ufficiale delle Comunita
Europee, 30/04/2011, L 111:   3-6 Disponível online em:
http://eur-lex.europa.eu/eli/reg/2011/420/2011-05-20

. Regolamento (UE) n. 488/2014 della Commissione del 12 maggio 2014 che
modifica il regolamento (UE) n. 1881/2006 per quanto concerne i tenori massimi
di cadmio nei prodotti alimentari; Gazzetta Ufficiale L 138 del 13.5.2014, pagg.
75-79. Disponível em linha em:
http://eur-lex.europa.eu/legal-content/IT/TXT/?uri=CELEX%3A32014R0488

. Regolamento (UE) n. 629/2008 della Commissione del 2 luglio 2008 che
modifica il regolamento (UE) n. 1881/2006 che definisce i tenori massimi di
alcuni conta- minanti nei prodotti alimentari; Gazzetta Ufficiale L 173, 3.7.2008,
p.6; Disponível em linha em: http://eur-lex.europa.eu/legal-
content/IT/TXT/?qid=1465289136202&uri=CELE X:02008R0629-20080723

. Regolamento (UE) n. 853/2004 del Parlamento europeo e del Consiglio del 29
aprile 2004 che stabilisce norme specifiche in materia di igiene per gli alimenti di
origine animale. Gazzetta Ufficiale L 139 del 30.4.2004, pagg. 55-205.
Disponível em linha em: http://eur-lex.europa.eu/legal-
content/IT/TXT/?qid=1464798351487&uri=CE LEX:02004R0853-20160401

66.Regolamento(UE) n. 854/2004 del Parlamento europeo e del Consiglio, del 29
aprile 2004, che stabilisce norme specifiche per l'organizzazione di controlli ufficiali sui prodotti di origine animale destinati al consumo umano; Gazzetta
Ufficiale
L del 30.04.2004; Disponível em linha em: http://eur-
lex.europa.eu/legalcontent/IT/TXT/?uri=celex:32004R0854

67.REGOLAMENTO (CE) N. 1020/2008 DELLA COMMISSIONE del 17
ottobre 2008 che modifica gli allegati II e III del regolamento (CE) n. 853/2004
del Parlamento europeo e del Consiglio che stabilisce norme specifiche in
materia di igiene per gli alimenti di origine animale e il regolamento (CE) n.
2076/2005 no que respeita à comercialização de produtos de identificação, o leite
cru e os produtos lácteos ro-caseiros, a uva e os ovoprodotos e outros produtos da
pesca. *Gazzetta Ufficiale L 277 del 18.10.2008, pagg. 8-14*. Disponível em linha
em: *http://eur-lex.europa.eu/legal-content/EN/TXT/?uri=celex:32008R1020*

68.Regolamento (CE) n. 1169/2011 Del Parlamento Europeo e del Consiglio del
25 ottobre 2011 relativo alla fornitura di informazioni sugli alimenti ai
consumatori, che modifica i regolamenti (CE) n. 1924/2006 e (CE) n. 1925/2006
del Parlamento europeo e del Consiglio e abroga la direttiva 87/250/CEE della
Commissione, la direttiva 90/496/CEE del Consiglio, la direttiva 1999/10/CE

della Commissione, la direttiva 2000/13/CE del Parlamento europeo e del Consiglio, le direttive 2002/67/CE e 2008/5/CE della Commissione e il regolamento (CE) n. 608/2004 della Commissione. *Gazzetta Ufficiale L 304 del 22.11.2011, pagg. 18-63* Avai-   lableonline   at: *http://eur-lex.europa.eu/legal-content/IT/ALL/?uri=CELEX%3A32011R1169*

69.Regolamento (CE) n. 1441/2007 della Commissione, del 5 dicembre 2007, che modifica il regolamento (CE) n. 2073/2005 sui criteri microbiologici applicabili ai prodotti alimentari *Gazzetta Ufficiale L 322 del 7.12.2007, pagg. 12-29.* Disponível em linha em: *http://eur-lex.europa.eu/legal-content/IT/TXT/?uri=CELEX%3A32007R1441*

70.Regolamento (CE) n. 1224/2009 del Consiglio, del 20 novembre 2009 , che isti- tuisce un regime di controllo comunitario per garantire il rispetto delle norme della politica comune della pesca, che modifica i regolamenti (CE) n. 847/96, (CE) n. 2371/2002, (CE) n. 811/2004, (CE) n. 768/2005, (CE) n. 2115/2005, (CE) n. 2166/2005, (CE) n. 388/2006, (CE) n. 509/2007, (CE) n. 676/2007, (CE) n. 1098/2007, (CE) n. 1300/2008, (CE) n. 1342/2008 e che abroga i regolamenti (CEE) n. 2847/93, (CE) n. 1627/94 e (CE) n. 1966/2006 *Gazzetta Ufficiale L 343 del 22.12.2009, pagg. 1-50.* Disponível em linha em: *http://eur-lex.europa.eu/legal-content/IT/TXT/?uri=uriserv:OJ.L_.2009.343. 01.0001.01.ITA*

71.Regolamento (UE) n. 1881/2006 della Commissione del 19 dicembre 2006 che definisce i tenori massimi di alcuni contaminanti nei prodotti alimentari; Gazzetta Ufficiale L 364dell '20.12.2006, pag.5. Disponível em linha em: http://eur-lex.europa.eu/legal-content/IT/TXT/?qid=1465289390636&uri=CELE X:02006R1881-20160401

72.Regolamento (CE) n. 1379/2013 del Parlamento europeo e del Consiglio , dell' 11 dicembre 2013 relativo all'organizzazione comune dei mercati nel settore dei prodotti della pesca e dell'acquacoltura, recante modifica ai regolamenti (CE) n. 1184/2006 e (CE) n. 1224/2009 del Consiglio e che abroga il regolamento (CE) n. 104/2000 del Consiglio. Gazzetta Ufficiale L 354 del 28.12.2013, pagg. 1-21; Disponível em linha em: http://eur-lex.europa.eu/legal-content/IT/TXT/?qid=1464797937184&uri=CELE X:02013R1379-20150601

. Regolamento (CE) n. 2073/2005 della Commissione, del 15 novembre 2005, sui criteri microbiologici applicabili ai prodotti alimentari. *Gazzetta Ufficiale L 338 del 22.12.2005, pagg. 1-26* Disponível em linha em: *http://eur-lex.europa.eu/legal-content/IT/TXT/?uri=celex%3A32005R2073*

. Regolamento (CE) n. 2074/2005 della Commissione del 5 dicembre 2005 recante modalita di attuazione relative a taluni prodotti di cui al regolamento (CE) n. 853/2004 del Parlamento europeo e del Consiglio e all'organizzazione di controlli ufficiali a norma dei regolamenti del Parlamento europeo e del Consiglio (CE) n. 854/2004 e (CE) n. 882/2004, deroga al regolamento (CE) n. 852/2004 del Parlamento europeo e del Consiglio e modifica dei regolamenti (CE) n. 853/2004 e (CE) n. 854/2004; Gazzetta Ufficiale L 338 dell'22.12.2005, pag. 27; Disponível em linha em:http://eur-lex.europa.eu/legal-content/IT/TXT/?qid=1465289668239&uri=CEL EX:02005R2074-20160101

. Rinaldi, A. (2007). Adattamenti opportunistici di specie ittiche nel Mediterraneo e in Adriatico. ARPA Rivista N.1 gennaio-febbraio 2007.

. Scafetta N. (2009). Climate Change and Its causes: A Discussion about Some Key Issues, na Agência de Proteção Ambiental dos EUA, DC USA, 26 de fevereiro de 2009. Disponível online em: https://www.epa.gov/sites/production/files/2016-08/documents/ci-full-2010.pdf

.Semeraro, A. M. (2011). Frodi alimentari: aspetti tecnici e giuridici; Anno X-N.2 aprile/giugno2011. Disponível online em: http://www.vetesc.unimi.it/stuff/rassegna/2/semeraro.pff

. Storch, V., Welsch, U. (2008). Biologia e sistematica animale. Antonio Delfino Editore, Roma Itália.

Tedesco, A. (2007). Igiene degli alimenti. Manuale per l'operatore: produzione, distribuzione, vendita e somministrazione, Collana alimenti e alimentazione;2007. Ediz. Hoepli Italia.

Tepedino, V., Ferri, M. (2013). Che fine fanno i "pesci palla" pescati nel Mediterraneo? Disponívelonline em: http://www.eurofishmarket.it/files/EFMpesce-pallatepferri.pdf

. Tiecco, G. (2001). Igiene e tecnologia alimentare; Ediz. Calderini Edagricole; Bolonha, Itália.

Vetrano, A., Borghini, M., Marzi, E., Astraldi, M. (2007). Caratteristiche oceanografiche; quaderno Habitat n.16: "Dominio Pelagico. Il Santuario dei cetacei "Pelagos"; Quaderni habitat-Ministero dell'Ambiente e della Tutela del Territorio e del Mare e Museo Friulano di Storia Naturale - Comune di Udine; 2007.

Ventura, M.T., Tummolo, R.A., Di Leo, E. (2008). Reacções imediatas e mediadas por células em infecções parasitárias por Anisakis simplex. Journal of Investigational Allergology and Clinical Immunology 18:253-259.

. Visentin, M.; Borg, J. J. (2014). Rinvenimento di Sphoeroides pachygaster (MÜLLer et Troschel, 1848) (Pisces Tetraodontidae) in Calabria e a Malta; Naturalista sicil., S. IV, XXXVIII (1), 2014, pp. 89-92.

Zenetos, A., Siokou-Frangou, I., Gotsis-Skretas, O. (2002). National Centre for Marine Research, Grécia (NCMR); Steve Groom, Plymouth Marine Laboratory, Reino Unido (PML); Il Mare Mediterraneo- acque blu ricche di ossigeno e povere di nu- trienti; Agenzia Europea per l'Ambiente-La biodiversita in Europa - regioni bio- geografiche e mari-I mari d'Europa; 2002. Disponível em linha em: http://www.arpalombardia.it/eea/pdf/cap9.pdf

Zenetos, A., Gofas, S., Verlaque, M., Cinar, M.E., Garcia Raso, J.E., Bianchi, C.N., Morri, C. Azzurro, E., Bilecenoglu, M., Froglia, C., Siokou, I. Violanti, D. Sfriso, A., San Mart N.G., Giangrande, A., Kata, T., Ballesteros, E., Ramos-Espla, A., Mastrototaro, F., Oca, A.O., Zingone, A., Gambi, M.C. e Streftaris, N. (2010). Espécies exóticas no Mar Mediterrâneo até 2010. Uma contribuição para a aplicação da Diretiva-Quadro Estratégia Marinha da União Europeia (DQEM). Parte I. Distribuição espacial. Mediterranean Marine Science, 11/2, 2010, 381-493.

Printed by Books on Demand GmbH, Norderstedt / Germany